基礎から学ぶ
デジタル・フォレンジック

入門から実務での対応まで

安冨 潔・上原 哲太郎 [編著]

特定非営利活動法人デジタル・フォレンジック研究会 [著]

日科技連

刊行にあたって

「真贋の判定こそはモノ層から文化層まで貫く理念」

　この冗句は、2019 年 2 月、筆者が主催したあるシンポジウムのタイトルとしたものであるが、真贋の判定、すなわち、数百億に達する IoT デバイス、インターネットの送信者、あるいは、AI の認識対象の真正性保証などは、万物が情報を発するサイバー・フィジカル世界の基盤である。インターネットにおける偽情報の拡散スピードは真正情報の倍以上ともいわれている。フェイクニュースの氾濫という社会的課題にまで、デジタル・フォレジック研究会が直接言及するわけにはいかないが、その真正性保証の基盤確立に対して、創立以来 15 年間に果たしてきた役割は大きく、そして、今後、果たすべき任務はますます拡大する。

　IoT・ビッグデータ・AI の普及、そして、政府の Society 5.0 という時代名称が意味する Cyber と Physical が結合し融合する環境のなかで、デジタル・フォレンジックが背負う責任は図り知れないが、地味な分野であるという側面も否定できない。デジタル・フォレンジックは、技術、法制度、監査等から成る総合的システムである。その総合的体系を広い分野の読者に理解し利用していただくべく、デジタル・フォンレジックの全貌をわかりやすく解説した本書が刊行される意義は大きい。

　安冨潔会長をはじめ、各章の執筆者各位、そして、デジタル・フォレンジック研究会創設以来、15 年間にわたり、誠実に本会の活動を支えて来られた丸谷俊博理事に深く感謝したい。

　以下、本書が刊行されるにあたって、筆者の感じている時代背景について、若干述べておきたい。

　まず、情報世界と物理的世界を結合する IoT から始めよう。医療、金融、電力、交通等、重要インフラデバイスが偽情報を発すれば、生命や社会基盤が損なわれかねないことは自明である。個人や組織が管理すべき IoT については、

「多い」「永い」「安い」「低い」の 4 点が、真正性保証に深刻な課題を投げかけている。

① 「多い」：2020 年には 5 百億にも達するといわれる IoT 機器の数の多さである。

② 「永い」：ライフサイクルが永く、今後、導入される重要インフラのデバイスに PKI（Public Key Infrastructure：公的認証基盤）電子認証を入れたとしても、既存の重要デバイスに対しての対応が難しい。

③ 「安い」：個々のデバイスは低価格のものが多く、真正性保証のために高いコストを掛けられない。すべてのデバイスの耐タンパー領域に高度な暗号による電子認証を埋め込むわけにもいかない。

④ 「低い」：使用する個人・組織は広がるが、利用者の真正性保証に対する意識は未だ低いと言わざるを得ない。

次に、個人の本人認証についても、ブロックチェーンが世界を跨ぎ、暗号資産（仮想通貨）をはじめ、医療、自治体等、多くの分野で利用されようとしているなかで、裁判にでもなった場合、究極の本人認証システムが必要になるのではないだろうか。筆者は、約 40 年前の現代暗号の勃興期、「電子署名は本人確認」と呼ばれたのに対し、「電子署名は本カード確認に過ぎないのではないか」と考え、世界で唯一人、確実に本人を同定できる DNA 型情報、STR（Short Tandem Repeat）を公開鍵に埋め込むことを提案したが、読者諸氏も実務に携わるなかで、さまざまな課題に取り組まれることを期待したい。

終わりに、一般論をひとつ。情報技術の普及による自由の拡大と、安心・安全の向上、プライバシー保護の 3 つの理念は、ともすれば三者互いに矛盾相剋するが、これらの理念を、はじめから「バランスが重要ですね」と言わず、総合的に高度均衡を図ること、すなわち三止揚（Drei Aufheben）を目指すことが肝要である。ここで、「三止揚」は、哲学的に定義されている用語ではなく、長年使用してきた筆者の造語である[1]。この欲張った理念を現実化するためには、MELT-UP のプロセスが必要である。すなわち、Management（経営管理、監査等）、Ethics（倫理、行動規範等）、Law（法制度、標準等）、そして、

Techonology（科学技術）を循環させつつ、三止揚を図ることが要請される。マイナンバー、IoT、S/MIME（Secure／Multipurpose Internet Mail Extensions：エスマイム）、暗号資産（仮想通貨）・ブロックチェーン等、個々のケースについて技術の進歩、環境の変化に対応して、具体的に MELT-UP させたいものである。

　例えば、S/MIME について考えてみよう。現在、組織間通信で、最も深刻なサイバー攻撃として警戒されている標的型攻撃に対しては、主として、組織内対策がとられている。しかし、電子メールの送り手の身元保証（証拠）に誤りがなければ安心して開けるはずであり、業界標準として S/MIME が制定されて久しいが、コスト、手間、暗号化によるプライバシー保護とマルウェア検出の相剋等の煩わしさから普及が進んでいない。個人レベルでの全面的普及を図るのは難しいが、「組織間対応から始めてはどうだろうか」と考え、筆者が「「怪しい添付ファイルを開くな」は限界」[2] という見出しで、新聞記事を書いたところ、ただちに、防衛省幹部が訪ねて来られ、「早速、防衛産業界での

---

1)　余談　三止揚について

　　aufheben というドイツ語は、辞書には、「持ち上げる、相殺する」等の日常用語、及び、「止揚」というヘーゲル哲学の用語が、和訳として載せられている。筆者の三止揚という造語は、日常用語に哲学的色彩をもたせた言葉であり、哲学的に定義した用語ではないことをお断りしておく。

　　昔、ヘーゲル哲学を学ぶため、喜び勇んで日本からドイツの下宿に着いたある留学生が、「一寸、その荷物、aufheben してよ」といわれてガックリしたという笑い話はよく知られているが、三止揚は、「3つの大事な物を、同時になるべく高く持ち上げること」と考えていただきたい。ヘーゲル哲学では、2つの対立する理念を基本にしているが、現実世界では、多様な理念が混在する。フランス革命では、「自由、平等、博愛」という3つの理念が掲げられた。情報セキュリティに対しては、筆者は、「自由、安全・安心、プライバシィ保護」の3つを目指すべき理念であると考えてきた。

　　自由の定義は難しいが、ここでは、デジタル技術の進歩による効率性・利便性の向上を基盤とする、情報の処理、発信、流通、保管等の自由と定義している。「自由、平等、博愛」の場合と同様に、自由のみを追求すれば、他の2つの理念が侵されることになる。例えば、米国の GAFA（Google、Apple、Facebook、Amazon）が、個人情報の自由な利用をベースに経営してきたのに対して、EU は GDPR（General Data Protection Regulation）を定めて対抗している。監視カメラは安全対策に有効だが、過剰になればプライバシィ侵害になりかねない。このように、上記の MELT-UP による三止揚に向けての工夫と実行が求められる。

S/MIME 普及推進を進める」とのことであった。このように、業界ごとに組織間対応向けの効率的対応を進めるのが効果的であるが、さらに、IoT を含めた拡張 S/MIME に対する MELT-UP の実施が急がれている。重要インフラにおける発信機器の真正性の証拠を明確にし、さらに、匿名性と悪者に対する特定性・追跡性の両立を工夫することにより三止揚を図りたいものである。それにしても、「売り手良し、買い手良し、世間良し」という江戸時代の近江商人の公共的倫理が、なぜ普及しないのか、不思議である。「送り手良し、受け手良し、ネット良し」という E(Ethics)の向上が三止揚のベースなのだが。明治時代、赤十字を創設した佐野常民は、「文明の進歩は道徳の進歩を伴わざるべからず」と唱えたが、デジタル技術の進歩に合わせて、E も高めたいものである。

　いずれにしても、デジタル・フォンレジックは、技術・医学、法制度、監査の諸分野を総合的に結合する分野であり、本会会員・読者全員の力で、MELT-UP を図ろうではありませんか。

　2019 年 4 月

東京工業大学名誉教授

デジタル・フォレンジック研究会 初代会長

辻井重男

---

2) 　日本経済新聞「私見卓見」(2016 年 12 月 16 日)(https://www.nikei.com/article/DGXMZO 1069416OV11C16A2SHE000/)

まえがき

　特定非営利活動法人デジタル・フォレンジック研究会（以下「デジタル・フォレンジック研究会」という。）は、情報セキュリティの新しい分野である「デジタル・フォレンジック」の啓蒙・普及、調査・研究、講習会・講演会、出版、技術認定等の事業を通じて、健全な情報通信技術（ICT）社会の実現に貢献することを目的として、2004 年 8 月 23 日に設立され、昨年、創立 15 年を迎えることができた。

　このデジタル・フォレンジック研究会創立 15 年を記念して、研究会理事をはじめ専門家のご協力・ご執筆を得て本書を上梓することとした。

　情報通信技術の革新と進展にともなって、21 世紀に入り、わが国は、インターネットその他の高度情報通信ネットワークを通じて自由かつ安全に多様な情報又は知識を世界的規模で入手し、共有し、又は発信することにより、あらゆる分野における創造的かつ活力ある発展が可能となる「高度情報通信ネットワーク社会」（高度情報通信ネットワーク社会形成基本法第 2 条）と位置づけられ、高度情報通信ネットワークの安全性の確保等の観点から情報セキュリティの重要性に関心が寄せられることになった。

　ことにインターネットのめざましい普及により、インターネットは地球的規模で人々を支える社会インフラとして機能するようになった。しかしながら、インターネットを介した重要インフラへのサイバー攻撃やサイバーテロの発生等新しい脅威が生まれたことから、安全・安心な情報通信社会の維持がサイバー社会における重要課題と位置づけられている。

　このような時代にあって、「コンピュータやネットワーク等の資源及び環境の不正使用、サービス妨害行為、データの破壊、意図しない情報の開示等、並びにそれらへ至るための行為（事象）等への対応等、いわゆるインシデントレスポンスや法的紛争・訴訟に際し、電磁的記録の証拠保全及び調査・分析を行うとともに、電磁的記録の改ざん・毀損等についての分析・情報収集等を行う一

連の科学的調査手法・技術」[1]であるデジタル・フォレンジックについて、基礎的な理解と実践的な利用について、今日の最新の状況を多方面にわたって初学者から専門家まで幅広くデジタル・フォレンジック研究会の成果をお示しすることを企図して本書は構成されている。

第1章「デジタル・フォレンジック入門」では、デジタル・フォレンジックについて、必須の基礎的知見について、技術的な視点から記述している。

第2章「デジタル・フォレンジック実務全般の留意点」では、デジタル・フォレンジックの基礎的理解を踏まえて、デジタル・フォレンジックを実際に行ううえでのさまざまな留意点についてまとめている。

第3章「調査・捜査とデジタル・フォレンジックの実務」では、犯罪捜査や訴訟という法的な場面だけでなく、企業活動のなかでも用いられるデジタル・フォレンジックを概観している。

第4章「訴訟とデジタル・フォレンジックの実務」では、法律実務においてデジタル・フォレンジックがどのように利用されているかについて、具体的に解説している。

第5章「さまざまな事業とデジタル・フォレンジック」では、法律実務以外にさまざまな場面で利用されているデジタル・フォレンジックについて、新しい問題を今後の展望も含めて解説している。

第6章は、デジタル・フォレンジック研究会創立以来15年にわたる活動についての回顧録及びデジタル・フォレンジックに関する主な事件をまとめている。

高度情報通信ネットワーク社会は、今や国境を越えて人々が情報空間のなかで自律性をもって活動するデジタル時代に入っている。このようなデジタル時代においてデジタル・フォレンジックの重要性はますます増すものと思われる。

最後に、デジタル・フォレンジック研究会設立当時は、「デジタル・フォレ

---

1) デジタル・フォレンジック研究会「デジタル・フォレンジックとは」(https://digitalforensic.jp/home/what-df/)

ンジック」について一般に知られていない時代であった。しかし、辻井重男初代会長が、デジタル・フォレンジックの重要性を説かれ、技術分野や法律・経営分野等から幅広く賛同を得て、デジタル・フォレンジック研究会が発足することとなった。その後、デジタル・フォレンジックの認知度が高まるにつれ、デジタル・フォレンジックの研究・実務における人材育成の必要性に深く関心を寄せられた佐々木良一前会長のご尽力で一層充実した研究会として歩むことができた。また、15年にわたり事務局長としてデジタル・フォレンジック研究会を支えていただいた丸谷俊博理事の献身的な活動がなければ今日の研究会はなかったと言っても過言ではない。

　また、本書の刊行にあたって、日科技連出版社出版部の鈴木兄宏部長、田中延志係長には刊行全般にわたりご尽力をいただいた。

　ここにデジタル・フォレンジック研究会を代表して厚く感謝の意を述べさせていただくこととしたい。

　2019年4月

デジタル・フォレンジック研究会会長

安冨　潔

基礎から学ぶデジタル・フォレンジック　目次

第1章　デジタル・フォレンジック入門

第2章　デジタル・フォレンジック実務全般の留意点

第3章	調査・捜査とデジタル・フォレンジックの実務

第4章	訴訟とデジタル・フォレンジックの実務

第5章	さまざまな事業とデジタル・フォレンジックの実務

【注意】本文中の URL について
　本文で参照している Web ページや論文等の URL は、2019 年 4 月 16 日時点のものである。

第1章
デジタル・フォレンジック入門

1.1 デジタル・フォレンジックとは何か[1][2]

1.1.1 デジタル・フォレンジックはどのように定義されているか

　種々のインシデントが発生した際には、コンピュータなどの情報処理機器やネットワーク上に残された証拠を確保し、将来起こり得る裁判に備えるための技術や手順が必要になる。これが、本書で対象とするデジタル・フォレンジック(Digital Forensics)である。

　デジタル・フォレンジックは警察などの法執行機関が使う場合もあれば民間で用いる場合もある。また、サイバー攻撃のように情報処理機器を直接の対象とする不正侵入や情報漏洩等のインシデントだけでなく、殺人事件や窃盗、談合、インサイダー取引、不正会計、契約違反等のような一般の事案であっても、デジタル・フォレンジックの対象となり得る。それらの事案に関連する人がパソコンやスマートフォン等の情報処理機器を使っていれば、その電磁的記録から関連する証拠を収集することができるからである。

　デジタル・フォレンジックのフォレンジック(Forensic)という言葉は、一般の人には聞き慣れない言葉だと思う。これは「法の」とか「法廷の」という意味をもつ形容詞であり、名詞で使うときは Forensics と通常記述される。

　デジタル・フォレンジック(Digital Forensics)という言葉は、法医学(Forensic Medicine)という言葉と関連づけるとイメージが摑みやすいかもしれない。図1.1に示すように、法医学は殺人事件が起こった場合などに死因や死亡推定時刻等の捜査や裁判に必要な情報を医学知識を用いて明らかにする技術や学問である。法医学の技術としては人の DNA 型鑑定技術や解剖技術等がある。一方、デジタル・フォレンジックは機密情報の不正な持ち出しがあった場合など

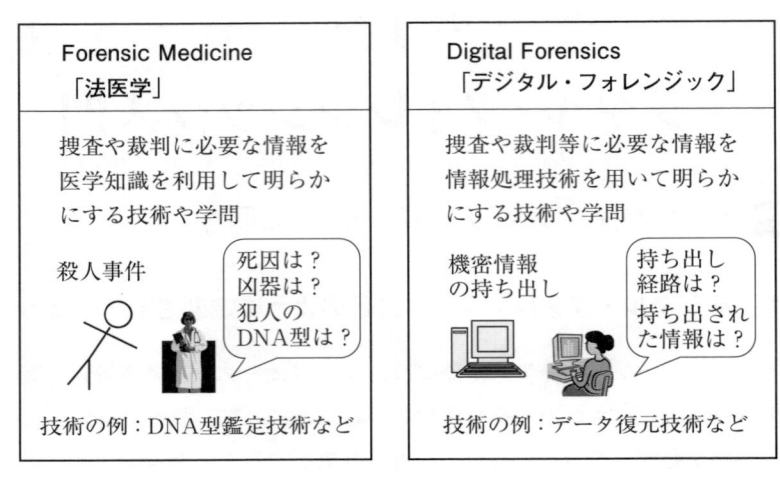

図 1.1　デジタル・フォレンジックのイメージ

に、「持ち出し経路はどのようなものか」「どの範囲の情報が持ち出されている
か」「誰が持ち出したか」といった捜査や裁判等に必要な情報を、情報処理技
術を用いて明らかにする技術や学問である。そのための特別な技術として、消
去済みデータの復元や高度な検索技術等がある。

　このデジタル・フォレンジックを『警察白書』では「犯罪の立証のための電
磁的記録の解析技術およびその手段」と定義している[1]。ここで刑法における
電磁的記録というのは、刑法 7 条の 2 では「電子的方式、磁気的方式その他人
の知覚によっては認識できない方式で作られる記録であって、電子計算機によ
る情報処理の用に供されるものをいう」としている。『警察白書』における定
義は端的でわかりやすいが、民間においては、犯罪を構成しない社内規則の違
反などを確認するためにもデジタル・フォレンジックを用いるので、定義とし
てはやや狭いといえる。

　デジタル・フォレンジック研究会では、デジタル・フォレンジックを「イン

---

1)　国家公安委員会・警察庁『平成 30 年警察白書』112 頁(2018 年)

シデントレスポンスや法的紛争・訴訟に対し、電磁的記録の証拠保全及び調査・分析を行うとともに、電磁的記録の改ざん・毀損等についての分析・情報収集等を行う一連の科学的調査手法・技術を言います」と定義している[3]。ここで、インシデントレスポンスとは、「コンピュータやネットワーク等の資源及び環境の不正使用、サービス妨害行為、データの破壊、意図しない情報の開示等、並びにそれらへ至るための行為(事象)等への対応等を言う」としている。しかし、これらの定義は必要なことを書いているものの長いため、すぐには理解しにくい。

そのため、筆者が携わった文献[1]では「種々のインシデントが発生した際に、将来行われうる裁判で証拠として使用できるようにするための電磁的記録の解析技術や手順」と定義している。そして、「裁判は刑事でも民事でもよいし、実際には裁判にならなくてもよいという定義になっているので、民間向けのデジタル・フォレンジックにも合致したものになっていると考えられる」としている[2]。

定義というのは常に一長一短があり、どれか1つに絞るのは難しいので、目的によって使い分けるということでよいのではないかと考える。

なお、デジタル・フォレンジックのことを「デジタル鑑識」とよぶ場合があるが、デジタル・フォレンジックは民間でも使うので「デジタル鑑識」という訳語は適切ではないと考えて、本書では「デジタル・フォレンジック」という言葉を用いている。

1.1.2　デジタル・フォレンジックが重要になってきた背景

デジタル・フォレンジックが重要になってきた背景は、以下のように整理することができると考えられる。

第一点は、デジタル化の進展である。コンピュータやインターネットの普及

にともない、ほとんどすべてのデータはデジタル化され、電磁的記録として保存されるようになってきた。ここでは、従来のデータが単にデジタル化されるだけでなく、さまざまに処理され高度な判断に用いられるようになってきている。したがって、デジタルデータは今や組織の基幹にかかわるものとなっている。また、個人や組織の多くのやりとりが電子メールなどの形でスマートフォンなどに蓄えられるようになってきている。したがって、捜査や民間での調査においてデジタルデータが非常に重要なものとなっている。

　第二点は、訴訟の増大である。日本においても、国民の権利意識の増大などから、従来は考えられなかったような場合にも民事訴訟が行われるようになってきている。このような状況から、裁判に負けないようにするためには、証拠をきちんと確保しておくことが不可欠である。このため、デジタルデータを電磁的記憶から完全性を確保しつつ取り出し、証拠として訴訟に備えるための手順や技術が要求されるようになってきた。社内の規則に反する行為を取り締まる場合でも、民事訴訟の可能性の増大が、証拠性の確保の重要性を増大させている。

　これらが、デジタル・フォレンジックが必要になってきた背景であり、IoT（Internet of Things）化の進展などによりデジタルで扱う情報が膨大化していくので、デジタル・フォレンジックはますます重要性を増していくと考えられる。

1.1.3　デジタル・フォレンジックの分類

　デジタル・フォレンジックを分類する軸は、以下のように多様であると考えられる[1]。

(1)　デジタル・フォレンジックを利用する主体

　具体的には以下のようなものになる。

　　①　企業などの一般組織（企業などが設置する第三者委員会なども含む）

　　②　警察などの法執行機関（他に検察庁、金融庁、公正取引委員会等）

　企業での調査範囲がその企業内部に限定されるのに対し、警察の捜査は、企業の内外を問わず実施することが可能である。

(2)　訴訟の対象となる行為

　具体的には以下のようなものになる。

　　①　組織の規定などに違反(規則に違反した電子メールの配信など)

　　②　組織間の契約条項などに違反(守秘義務契約の違反など)

　　③　法律に違反(刑法(不正指令電磁的記録作成など)、不正アクセス禁止法(不正アクセス)、個人情報保護法(個人データ漏えいなど)、不正競争防止法(営業秘密不正入手)、会社法(不正の行為など)等)

　訴訟を意識してデジタル・フォレンジックを実施するが、実際には訴訟にまで至らない場合も多い。

(3)　訴訟の種類

　具体的には以下のようなものになる。

　　①　民事訴訟

　　②　刑事訴訟

　民事訴訟と刑事訴訟は、証明責任の配分でも異なっている。民事訴訟では、法律の条文の定め方に従って、原告と被告のそれぞれに証明責任が配分されている。これに対し、刑事訴訟では、原則としてすべての犯罪事実について検察官が証明責任を負う。

　また、民事訴訟には弁論主義が適用され、当事者が認めた主要事実には自白が成立して裁判所を拘束するが、刑事訴訟では、被告人が公判廷で有罪の答弁をしても検察官は犯罪の事実を証明しなければならないなどの違いもある。

(4)　訴訟との関連

　具体的には以下のようなものになる。

　　①　訴訟を提起する側(民事訴訟の原告(個人・企業等)・刑事訴訟の検察

官）

②　訴訟提起を受ける側（民事訴訟の被告（個人・企業等）・刑事訴訟の被告人（個人・法人））

今後は訴訟を受ける側のデジタル・フォレンジックも重要となる。

企業は個人（ユーザーや従業員）や他の企業等から訴えられたり、不正について告発されたりすることが増えており、裁判に負けると多額の賠償が科せられるからである。このためには企業の職員の不正防止のためのポリシーをつくったり、全職員の管理区域へ入退室ログをとり不正をすればすぐわかるような対応も必要となる。

(5)　証拠性の保持に関連する情報処理機器

具体的には以下のようなものになる。

①　サーバー

②　コンピュータ

③　ネットワーク（ルータ、ハブ、通信路等）

④　携帯電話、携帯端末、スマートフォン等

最近は、各種の制御装置や情報家電、スマートメータ、カーナビゲータ等の装置が IoT（Internet of Things）としてインターネットに接続される傾向にあり、これらもデジタル・フォレンジックにとって重要な対象になり得る。

(6)　電磁的記録を保管する媒体

具体的には以下のようなものになる。

(a)　不揮発性媒体

①　ハードディスク

②　SSD（Solid State Drive）

③　USB メモリー他

⒝ **揮発性媒体**

① メインメモリー

② レジスターなど

　従来は⒜だけだったが、最近では⒝もデジタル・フォレンジックの対象になってきている。⒝はパソコンなどの電源を切ると失われるので、その前にダンプなどを行うことにより不揮発性媒体にコピーする必要がある。

(7) 証拠として扱う電磁的記録の種類

　具体的には以下のようなものになる。

① ログのように意識的に残すもの

② 痕跡の形で偶然残るもの

　ここで、デジタル・フォレンジックで用いられるログの種類としては次のようなものがある。

❶ システムで一括管理されているログ

- UNIX 系 OS の syslog
- Windows のイベントログ

❷ アプリケーションソフトウェア自体の独自のログ

- Apache のアクセスログ
- IIS のアクティブログなど

❸ セキュリティソフトウェアによるログ

- マルウェア対策ソフト
- 侵入検知・防止システム
- Web プロキシ
- 脆弱性管理ソフトウェア
- 認証サーバー
- ルータ、ファイアウォール等からのログなど

(8)　証拠性の保持に関連するアプリケーションソフト

　具体的には以下のようなものになる。

① 　電子メール

② 　Web

③ 　ソーシャルネットワークサービス(SNS)など

　これらのアプリケーションプログラムが扱うデータのなかに不正の痕跡が残り、証拠として用いることが可能となる場合がある。

(9)　情報システムの運用形態

　具体的には以下のようなものになる。

① 　オンプレミス(情報システムの使用者自身が管理する設備内に導入、設置して運用すること)

② 　クラウド

　クラウドコンピューティング環境下で実施する場合もある。クラウドにおけるデジタル・フォレンジックにおいては、❶多くのユーザーからファイルを含むサーバーを扱うことがプライバシー問題を生じさせる可能性がある、❷証拠の信頼性がクラウドプロバイダーの言葉にもとづくことが多い、❸物理的データの位置がわからないことが調査を遅らせることになりやすいなどの特徴がある。

　以上をまとめると次頁の図 1.2 のようになる。

訴訟の分類

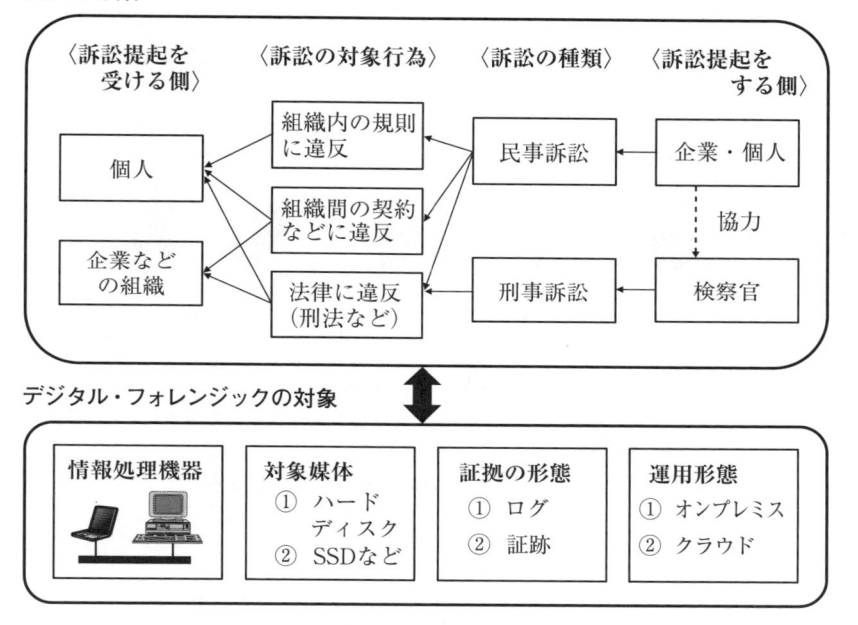

図1.2 デジタル・フォレンジックの各種分類

1.1.4 デジタル・フォレンジックに関連する用語

広義のデジタル・フォレンジックには以下のようなものがある(**図1.3**)。

(1) 対象とする機器・装置による命名

① **コンピュータ・フォレンジック(狭義のデジタル・フォレンジック)**

コンピュータやサーバー上のハードディスク等のデータを収集・解析することにより不正の証拠などを確保するための手順や技術のことである。今までの説明で、デジタル・フォレンジックとよんできたもので、狭義のデジタル・フォレンジックとよぶのがよいかもしれない。

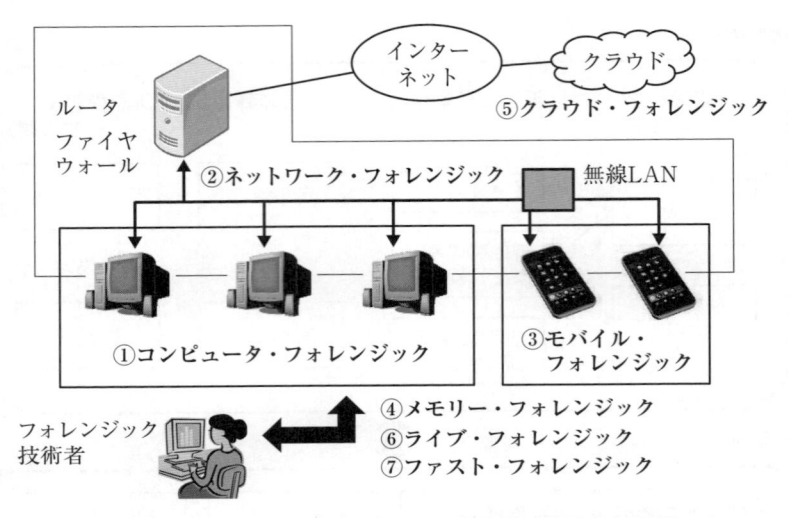

図 1.3　デジタル・フォレンジックに関連する用語の関係

② ネットワーク・フォレンジック

　Marcus J. Ranum はネットワーク・フォレンジックを、「セキュリティ上の攻撃や問題を発生させるインシデントの発生源を発見するために、ネットワーク上のイベントをキャプチャ、記録、分析する」手順や技術であるとしている[4]。パケットログの分析や、ログなどからのマルウェアの抽出、抽出されたマルウェアの分析等を含めてネットワーク・フォレンジックという場合が多い。

③ モバイル・フォレンジック

　携帯端末やスマートフォンのような無線を用いて通信する機器に対するデジタル・フォレンジックである。

④ メモリー・フォレンジック

　メモリー・フォレンジックは、メインメモリー上のデータをダンプなどを行った後、解析する手順や技術である。マルウェアにはディスクに痕跡を残さないものが増えてきたり、ファイルなどがディスク上で強い鍵で暗号化されて

いる場合は解読できないことから、メモリー上のデータの解析が必要になった。頻繁にメモリーダンプをとると時間がかかり、コンピュータの通常の処理が困難になるため、「いつダンプをとるべきか」の判断が難しい。

(2)　運用形態による命名

⑤　クラウド・フォレンジック

クラウドコンピューティングにおけるクラウド上にあるデータに対するデジタル・フォレンジックの手順や技術である。

(3)　デジタル・フォレンジックのやり方による命名

⑥　ライブ・フォレンジック

ライブ・フォレンジックは起動中のコンピュータでリアルタイムに情報収集・解析を行うことである。メモリー・フォレンジックと同じ意味で用いる場合もあるが、ライブ・フォレンジックは、メモリー上のデータだけでなくハードディスクなどからのデータ収集を含む広い概念で用いることが多い。

⑦　ファスト・フォレンジック

インシデントレスポンスや応急な捜査の対応のために証拠性確保の完全性をやや犠牲にしても、早急に結果を求めようとするデジタル・フォレンジックの手順や技術である。

　広義のデジタル・フォレンジックは、これら①〜⑦をすべて含むものであるといえる。サイバー攻撃の複雑化により、最近では特に、ネットワーク・フォレンジックなしにはデジタル・フォレンジックができなくなっており、ネットワーク・フォレンジックを取り込んだものをデジタル・フォレンジックという場合が増えてきている。

1.2 デジタル・フォレンジックの手順とそこで用いる技術

1.2.1 デジタル・フォレンジックの手順 [1] [2]

　デジタル・フォレンジックの定義が多様なように、デジタル・フォレンジックの手順の分類法もいろいろある。

　NIST では次のような手順の分類法[5]を採用している。

① データの収集

　データの完全性を保護する手続に従いながら、関連するデータを識別し、ラベルづけし、記録し、ハードディスクなどの媒体から取得する。

② 検査

　データの完全性を保護しながら収集したデータを自動的手法及び手動的手法の組合せを使ってデジタル・フォレンジックとして処理することにより、特に注目するデータを見定めて抽出する。この段階で必要があれば収集したデータから暗号化されたデータを復号したり消去されたデータを復元したりする。検査の代わりに復元という言葉を使う場合もある。

③ 分析

　法的に正当とみられる手法及び技法を使用して検査結果を分析することにより、収集と検査を行う契機となった疑問を解決するのに役立つ情報を導き出す。

④ 報告

　分析結果をまとめ依頼者に報告する。この結果は、将来裁判などで用いられる可能性がある。

以上の①〜④を一連の流れとしてまとめると**図 1.4** のようになる。

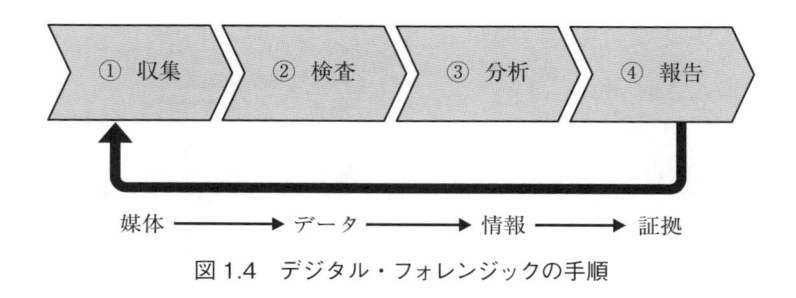

図 1.4 デジタル・フォレンジックの手順

1.2.2 デジタル・フォレンジックの手順の一例

　ある企業に対し、別の企業から「個人情報が外部に漏洩したのではないか」という指摘を受けたような場合をここでは考える。この場合、デジタル・フォレンジックを用いて調査を行うことが必要になる。この調査は、企業の職員が行う場合もあるが、一般には、デジタル・フォレンジックを行う企業などの専門家が行う場合が多い。

　企業にとって重要なことは、この漏洩が外部の人間によるものか、内部の人間によるものかの切り分けであろう。外部からのものであれば、証拠を整理し報告書を作成して、警察などに捜査を依頼することが必要となる。警察などの法執行機関では、この報告書も参考にしつつデジタル・フォレンジックを用いて、外部の不正者を特定しようとする。

　内部からのものであったら、デジタル・フォレンジックを行う企業などの専門家に依頼し、さらに証拠の収集を行っていくことになる。内部の人間による不正の証拠を確実なものにするためには、サーバーの解析などにより不正侵入を行った可能性の高い人物を明確化し、その人物のパソコンを調べ、不正侵入を行った確実な証拠を把握する必要がある。この方式について詳しくは**第 2 章**以降で記述するが全体のイメージを掴んでもらうために以下に概要を記述する。

　ここでは、個人情報を保管していたサーバーのログ解析により、不正なアク

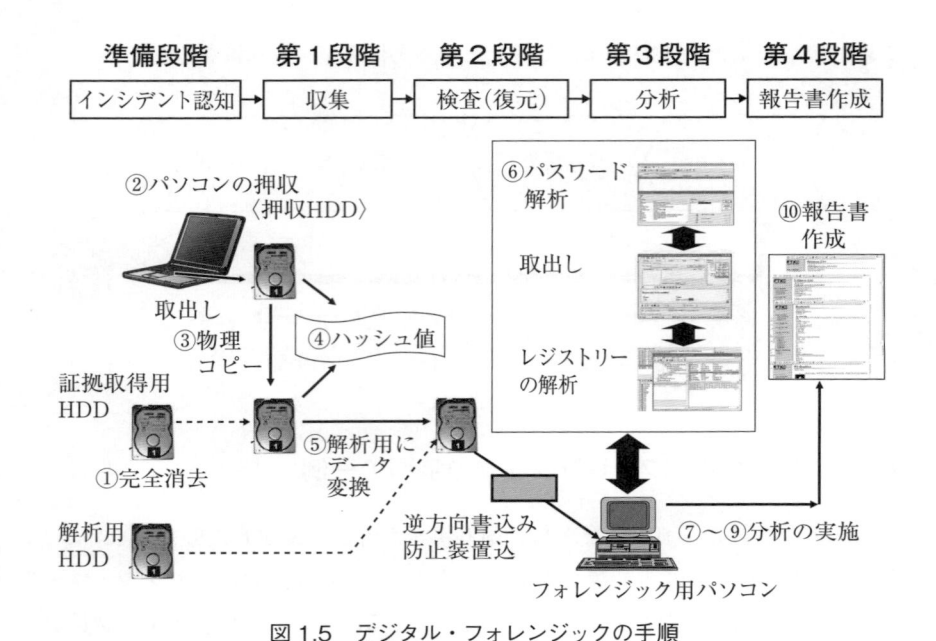

図1.5　デジタル・フォレンジックの手順

セスをした可能性の高い職員が見つかったとしよう。この場合、デジタル・フォレンジック企業の専門家は確認のために次のようにして調査を行う（**図1.5**）。

(1)　準備段階：インシデントの認識過程

　調査の依頼を受けたら不正を行った可能性の高い職員のパソコンを確保してもらう。また、証拠データの汚染を防ぐため専用消去ツールで HDD データに上書きを行い、証拠取得用の HDD を用意する。別のパソコンを用いてオールゼロなどを上書きする場合もあるが、専用の装置を用いる場合が多い。

(2)　第1段階：収集過程

　①　不正を行った疑いのある職員が使っている会社のパソコンをデジタル・フォレンジックの専門家は手に入れ HDD（ハードディスク）をパソコンから取り出す。日本では職員のいない夜間や休日に作業を行うこと

が多いようである。この段階での対応が不十分もしくは不適切であったために、証拠となり得る情報や痕跡が失われる可能性があるので注意が必要である。

② 証拠取得用 HDD(コピー先)へ 100%物理コピー(**1.6 節**)を行う。ここで、物理コピーの場合はファイルを削除していた場合であっても上書きがされていなければ、復元が可能である。

③ 対象 HDD(コピー元)と証拠 HDD(コピー先)のデータ同一性を比較するため両者のハッシュ値あるいはデジタル署名をとっておき、改ざんが行われてないことを確認する。現在ではハッシュ値だけではなく、ハッシュ関数と公開鍵暗号を用いるデジタル署名が望ましいとされており、デジタル署名に用いるハッシュ関数は、SHA-2 や SHA-3、公開鍵暗号は 2048 ビット鍵長の RSA 暗号などが望ましいといわれている。

④ 物理コピーされたデータを解析ソフトウェアに適したイメージファイルへ変換する。

(3) 第 2 段階：検査(復元)過程

解析用ファイル形式に変換された証拠データを解析用ソフトで認識する。この解析ソフトとしては EnCase やフォレンジックツールキット等の製品や Autopsy 等のフリーソフトがよく知られている。この段階で、過去に消去されたファイルの復元を試みたり、暗号化されたファイルの復号を試みる。

(4) 第 3 段階：分析過程

① ファイルデータの分別を行う。

② ビュワーを用いてさまざまなファイルを解析ソフト一つで閲覧する。

③ 必要に応じてパスワードリカバリの実施やレジストリエリアを閲覧する。ここでレジストリとは、マイクロソフトの Windows 95 以降で、各種の環境設定やドライバの指定、アプリケーションの関連づけ等の情報を保存しているバイナリファイルである。このファイルを解析すること

により、接続された USB メモリーや最後に接続された URL 等がわかる場合がある。

(5)　第4段階：報告書の作成過程

法廷などにおいて最重要視されるレポートの作成を行う。報告書の内容は公平であること、客観的であること、真正であること、理解可能であること等が求められる。

これらの過程で、対象者のパソコンから正しく、デジタルデータを収集し、改ざんされていないということを、裁判官などが信じるに足るようにしておく必要がある。

1.2.3　デジタル・フォレンジックにおいて必要となる技術の概要

上記のデジタル・フォレンジックの手順に対応して必要となる技術は図 1.6 に示すようなものがある。

ここで、「ログなどの蓄積」において第三者によるログの不正改ざんや消去

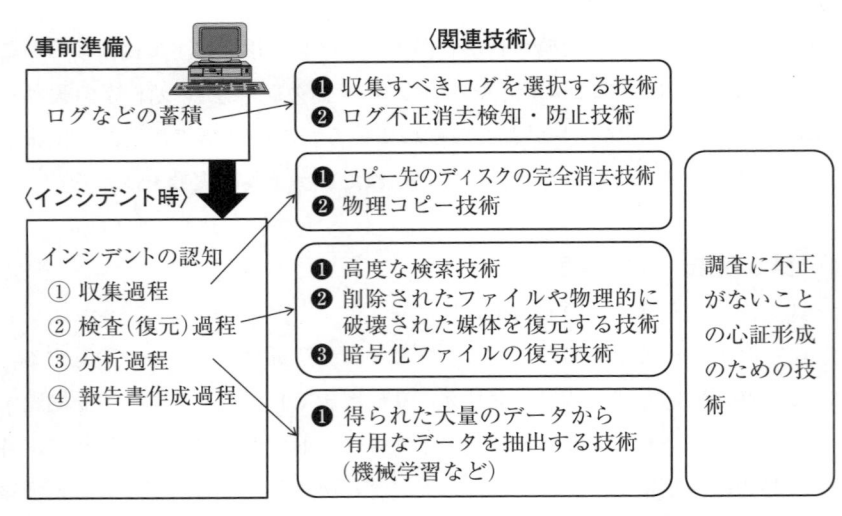

図 1.6　デジタル・フォレンジックで使う技術の分類

を検知するためにデジタル署名が用いられることが多い。また、消去の防止対策としてはアーカイブやバックアップファイルの作成がある。当事者によるデータの改ざんを検知するためには、ブロックチェーンなどの技術を使う方法が考えられる。

図 1.6 の「①収集過程」では、コピー先のディスクの完全消去技術や物理コピー技術が必要になる。

「②検査（復元）過程」の❷削除されたファイルの復元については、2.2 節でもう少し詳しく解説する。破壊した媒体の復元については、専門技術を使えば思いのほか復元ができるようである。株式会社データサルベージコーポレーションの技術者によると、2011 年 3 月 11 日の東日本大震災による津波で海水をかぶったパソコンでも 1 週間以内に対応をすれば 80〜90％ ファイルが復元できたという。❸の暗号化されたファイルの復号は一般には困難である。簡単なパスワードを暗号鍵として使っている場合は、パスワードの総当たりにより復号が可能な場合がある。また、平文を暗号化した後、暗号ソフトのつくりが悪く、元の平文を上書き消去するのではなく単純な削除だけやっている場合には、デジタル・フォレンジックを用いることによって消去した平文が復元できる場合がある。

「③分析過程」では得られた大量のデータから有用なデータを半自動的に抽出する技術などが必要になる。このために機械学習などの AI（Artificial Intelligence）技術が使われるようになってきている。

上記①〜③のすべての過程で必要なのが「調査に不正がないことの心証形成のための技術」である。このため、現状では、証拠取得用 HDD を完全消去した後や、対象 HDD から 100％物理コピーした後に、ハッシュ値やデジタル署名を残す等の対応を行う。また、HDD への書き込み防止装置を用いたり、作業の様子をビデオや写真で撮影するなどしている。

1.2.4　デジタル・フォレンジックの作業を実施するうえで注意すべき事項

(1)　プライバシーとの関連

　フォレンジック作業を実施するうえでは次のようなプライバシーへの配慮が必要になる。

① 企業又は国や自治体の定めたプライバシーについてのルールとガイドラインを遵守すること。

② 裁判所などの許可なしに、プライバシーを侵害してはならないこと。

③ 証拠を収集する段階において、組織から手順の提示や支援があればそれを確認すること。

　証拠の収集が、第三者に広範な不都合を生じさせる場合や同一記憶媒体に、インシデントと無関係の十分な証拠をもたないデータがある場合や、インシデントと関係するが被疑者所有のものでない場合には、データをとることは控えるべきである。

(2)　早急な対応との関連

　インシデントレスポンスのために応急処置をとることによって、証拠がなくなってしまわないように注意することも必要である。例えば、あるパソコンから怪しいパケットが出ているからといってパソコンの電源を切ってしまうと、証拠となるデータが大幅に失われてしまう。電源はそのままにして、そのパソコンをネットワークから切り離すという対応のほうが、外部への迷惑を防止しつつ、証拠となるデータを残しやすいという意味において望ましい。

　一方、通常は完全な証拠性を確保しつつデジタル・フォレンジックを実施するが、インシデントレスポンスや応急な捜査の対応のために証拠性確保の完全性をやや犠牲にしても、早急に結果を求めたいこともある。その場合は、そこで得られた知見をもとに、別のしっかりした証拠を確保し裁判に備えることが必要になる。

1.3 コンピュータと補助記憶装置にデジタル・フォレンジックがどう対応するか

1.3.1 コンピュータの構成

デジタル・フォレンジックの対象となる電子機器は、パソコンやサーバ類からスマートフォン、ゲーム機家電やネットワーク機器に至るまで広義ではコンピュータにあたる。コンピュータはいずれも中央処理装置(CPU)と主記憶装置(メモリ)、補助記憶装置(二次記憶装置)及び入出力装置(I/O)から成る。CPUの主な機能は、メモリ上のプログラムを順に読み取って解釈し、その内容に従って計算処理や入出力処理を行うことである。メモリはCPUが扱うプログラムやデータの置き場所であるが、電源を切るとその内容は保持できない。補助記憶装置はそのプログラムやデータをファイルの形で保持するもので、メモリより読み書きが低速である代わりに電源がなくとも内容が保持できることが特徴である。このような構成は、どのような種類のコンピュータでもその原理は変わらない。コンピュータの大まかな構成を図 1.7 に示す。

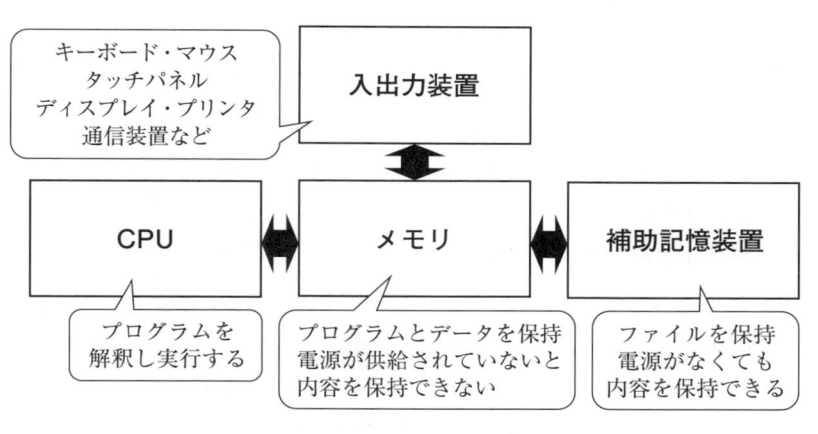

図 1.7　コンピュータの基本構成

　コンピュータ内のソフトウェアには、そのコンピュータで行う処理そのもの
が記述されたプログラムと処理の対象となるデータとがある。プログラムは、
機械語（又はマシン語）とよばれる CPU が直接理解できる命令列で記述されて
いる必要がある。この機械語で直接プログラムを記述するのはプログラマの負
担が大きいため、ほとんどのプログラムはプログラミング言語とよばれる、プ
ログラマにとって記述しやすい人工言語で記述され、これをコンパイラ
（compiler）とよばれるプログラムを用いて機械語に変換している。

　プログラムには、このような機械語によるもの以外に、プログラミング言語
で書かれたテキストファイルを直接逐次解釈し翻訳するプログラムを用いる場
合がある。このような逐次型の翻訳プログラムをインタープリタ（interpreter）
とよび、インタープリタで処理されるプログラムはスクリプト（script）とよば
れる。スクリプトはその内容が平易で読みやすいが、改ざんが容易であるため
マルウェアの標的になりやすく、デジタル・フォレンジック上はより注意を要
する。プログラミング言語 C、C++、Objective-C、C#、Java、Go、Swift 等
はコンパイラで翻訳されることを前提としている 。一方、JavaScript、Ruby、
Python、Perl、PHP、VisualBasic for Application（VBA）等はインタープリタ
で処理されることが前提となっているプログラミング言語である。

　コンピュータ内のプログラムは、基本プログラムとアプリケーションプログ
ラムに分類できる。アプリケーションプログラムは、ワードプロセッサや表計
算、インターネットブラウザ等、ユーザーが直接操作してデータを取り扱うも
のである。このアプリケーションプログラムの起動や終了、プログラム本体や
それらが扱うさまざまなデータの管理、複数のプログラムが同時に動作する場
合の協調動作等を司るのが OS（オペレーティングシステム）とよばれる基本プ
ログラムである。例えば、スマートフォンでは Android や iOS、パソコンで
は Windows や macOS、サーバー型コンピュータでは Windows Server の他
に Linux や FreeBSD 等、UNIX 系統とよばれる OS が使われる。このほか、
アプリケーションプログラムを作成するために使われるコンパイラやインター
プリタ等も基本ソフトウェアに数えられる。

　コンピュータのメモリは電源投入時にはその中身がないため、電源投入直後には実行するべきプログラムが存在しないことになる。それでは困るので、電源投入直後に実行するための小さなプログラムを読み出し専用メモリ(ROM)に格納し、電源投入とともにメモリに複製したうえで動作させている。このような起動直後に動作するプログラムはファームウェア(Firmware)とよばれているが、パソコンの場合には歴史的な事情により BIOS(Basic Input/Output System)とよばれる例が多い 。最近では UEFI(Universal Extensible Firmware Interface)という規格にもとづくファームウェアへの置換えが進んでいるため、UEFI BIOS という呼称も使われることがある。

　コンピュータの起動直後の BIOS などのファームウェアは、次に補助記憶装置のなかから OS を読み出してメモリに書き込み、起動する役割を担っている。補助記憶装置はメモリと異なり、電源切断でも消えない、つまり不揮発性とよばれる性質をもつ。読み書きが可能な補助記憶装置のうち現在最もよく使われているのはハードディスク及び SSD である。また、メディアが取り外し可能な補助記憶装置はデータ移送のために使われる。現在では USB メモリや SD カード等、フラッシュメモリを用いたものや、CD-R、DVD-R 等、光学ディスクを用いたものが多い。

　補助記憶装置には通常、プログラムやデータをファイルとよばれる形式で格納する。このファイルの取扱いは OS が管理している。OS のファイル取扱い機能をファイルシステムとよぶ。また、多くの OS はメモリ容量の少なさを補うため、補助記憶装置の一部を見かけ上メモリであるかのように扱う機能をもつ。これを仮想記憶とよぶ。この場合も、実際には必要になったデータが OS の働きにより自動的にメモリと補助記憶装置との間で転送されるようになっており、実際に使用中のプログラム及びデータは常にメモリ上にある。

　この補助記憶装置とメモリを含めた電子計算機内でデータやプログラムが記録される部分を記憶装置とよぶ。この記憶装置に残された電磁的証拠がデジタル・フォレンジックの主な対象である。メモリ上の電磁的証拠を収集するフォレンジックをライブ・フォレンジックとよぶこともある。しかし、このライ

ブ・フォレンジックはインシデント発生時の証拠をそのまま保全することが難しいため、まだ技術的な開発が求められる分野である。

　以下では補助記憶装置のフォレンジックを中心に解説する。

1.3.2　補助記憶装置の種類

　補助記憶装置のなかで、実際にデータが書かれる記憶媒体をメディア(media)とよぶ。このメディアには、磁気媒体(ハードディスク、フロッピーディスク等)、光学媒体(CD-R や DVD-R、BD-R 等)及び半導体(フラッシュメモリなど)がある。

　これらのメディアにおいては、セクタとよぶ固定長(メディアにより128Byte から 128KB 程度まで異なる)の領域を単位として、任意の位置に随時データを読み書きできるハードウェア構造となっている(ランダムアクセスとよぶ)。このランダムアクセス可能なメディアは、OS 内のファイルシステムを通して、ファイルの保存場所として使われる。このようなファイルがデジタル・フォレンジックの主な対象となる。

(1)　磁気媒体

　磁気媒体のメディアは、書換え可能回数が事実上無制限であり、正しく保管されていればデータを数十年にわたって保持できるという特徴がある。磁気メディアにはハードディスク、磁気テープ、フロッピーディスク等があるが、現在最もよく使われるのはハードディスクである。ハードディスクは固定ディスクともよばれ、メディアがドライブと一体化しており交換は基本的に不可能だが、高速大容量を実現できる。現代では、パソコンやサーバー類、据置き型ゲーム機等のコンピュータの OS やデータを格納しておく主たる外部記憶装置として用いられているほか、ハードディスクレコーダー等の名でよばれる家電製品におけるテレビ番組録画、監視カメラにおける動画像録画にも用いられる。

　ハードディスクで用いられるメディアは、金属又はガラスでできた円盤(プラッタとよばれる)の両面に磁性体をごく薄く塗布したものである。

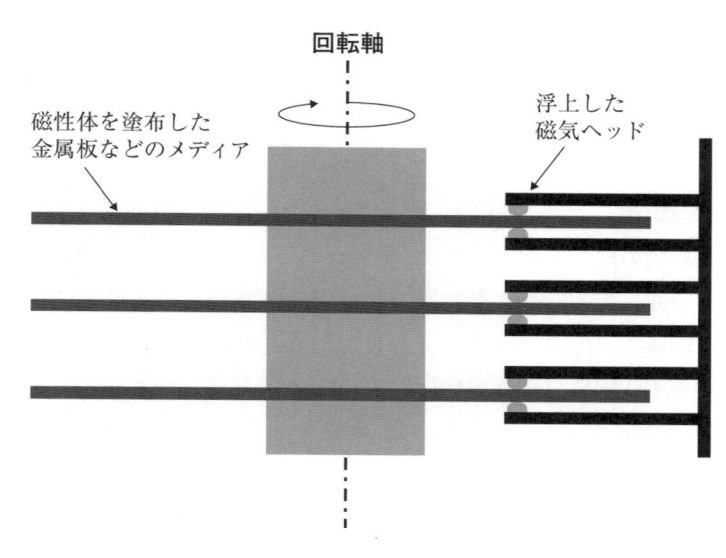

図 1.8　ハードディスクの内部構造(模式図)

　ハードディスク内部を側面から見た場合の模式図を**図 1.8**に示す。

　プラッタを 1 枚から数枚隙間を空けて重ねたものを 1 つの駆動軸に通し、回転させる。磁気ヘッドは各メディアの各面に対しアクセスできるアームに取り付けられ、メディアの半径方向に動きながら読み書きを行う。この際、ヘッドと磁性体表面の間は空気の流体粘性を利用してわずかな隙間を空け、接触しないようにしている。この隙間に埃などが入ると磁性体に傷がつきかねないため、製造時にはモーターなどの駆動部や磁気ヘッダ、アーム、制御回路等とともにメディアをクリーンルーム内で密閉している。近年は空気より抵抗が低く、ヘッドの浮上量を安定して下げられるヘリウムガスを密閉することもある。

　デジタル・フォレンジックの観点から見た場合、ハードディスクは現在のコンピュータシステムの主なストレージであるため重要なターゲットではあるが、非常に大容量であるため、必要なデータを効率よく探し出すにはツールの使用が不可欠である。また、ハードディスクドライブは精密機器であり、メディア上のわずかな傷でも大きくデータが損なわれる。その他のヘッドなどの機械部

分も物理的衝撃や熱、水等に弱く、故障しやすい。メディアそのものが無事であれば修理によって内容の取出しが可能であるが、クリーンルームなどの高価な設備と高度な技術を要する。

(2)　光学媒体

　音楽や映像の配布メディアとして使われている CD や DVD、Blu-ray ディスクをデータ用に転用したうえで、1 回のみデータの書込みを可能にしたものを CD-R、DVD-R、BD-R とよぶ。さらに、書込み後消去し再利用できるようにしたものを CD-RW、DVD-RW 及び BD-RE とよぶ。

　CD や DVD／Blu-ray ディスクは、ポリカーボネートなどを基板とするメディア上に形成された反射層のわずかな窪みの有無を、レーザー光の反射率の差によって読み取っている。書換え可能メディアでは同様の反射率の差を生むように、1 回のみの書換え可能メディアでは金属の反射層の上に、光によって分解される色素による記録層を形成している。記録時には強いレーザー光を照射し記録層の一部に穴を開け、反射層を露出させて反射率の変化を生じさせる。書込み後に消去と再書込み可能なメディアでは、加熱の仕方によって結晶又は非晶質（アモルファス）に変化させやすい合金を用いて記録層を形成する。メディアの消去後の再利用可能回数は、1000 回から数万回程度とされている。

　デジタル・フォレンジックの観点からは、書換え可能メディアの耐久性が高くないことが問題となる。書込みデータの経年劣化に関しては、常温低湿で遮光された条件であれば 100 年以上の寿命が保てるとの研究もあるが、現実的なオフィス環境では 10 年程度で内容の保持が難しくなると考えられている。そこで米国 Millenniata 社は有機色素を用いずに、レーザー光で凹凸を形成できる材料を用いた DVD や Blu-ray と互換性のあるメディア M-DISK を開発しており、対応ドライブとメディアを用いることで 1000 年以上のデータ保持が可能であると主張している。

（3）　半導体による補助記憶装置

　半導体による補助記憶の代表的なものがフラッシュメモリであり、電気的に消去と書換えが可能な読取り専用メモリ（EEPROM：Electric Erasable and Programmable Read Only Memory）を高速化したものである。RAM に比べて書込みに時間がかかるため主記憶には用いられないが、低価格化に伴い補助記憶として用いられることが最近増加している。特にスマートフォンやタブレット、デジタルカメラ、IC 音声レコーダ、電子書籍リーダのように低消費電力で動作しなくてはならないモバイル機器では、補助記憶として内蔵されている場合が多い。各種 IC カードでも書換え可能な記憶部分として内蔵されている。

　フラッシュメモリがリムーバブルな補助記憶として用いられる場合、USB メモリ、SD カード等として使われることが多い。SD カードは通常サイズのものとは別に、microSD カードとよばれる小型のものがスマートフォンなどの記憶媒体として使われている。

　NAND 型フラッシュメモリの低価格化に伴い、ハードディスクの代替品として使われる例が増えてきた。これを SSD とよぶ。SSD はハードディスクのうち 2.5 インチ型とよばれるものと同形状のものが多く使われてきたが、小型化のため M.2 コネクタとよばれるコネクタに直接接続する小型のメモリボード型をしたものが増加してきた。

　フラッシュメモリは機械的な可動部分がないため、衝撃などの物理的破壊や温度変化、経年変化に対し耐久性が比較的高く、故障しにくい。そのため、デジタル・フォレンジックの観点からは比較的データの抽出が容易と考えられるメディアである。その反面、高電圧や強磁気には弱い。また、フラッシュメモリには各メモリセルごとに書換え可能回数に限度があり、現在製品化されているものでは概ね数万から数十万回程度である。さらに、時間経過とともにデータが徐々に消失することも知られており、長期保存には適していない。

　以上、これらの補助記憶媒体内の証拠を適切に保全し、分析するのがデジタ

ル・フォレンジックであるといえる。実際にフォレンジックの対象となるのは
これらの補助記憶媒体内に保持されたファイルだが、ファイルが消去された場
合にメディア上に残る痕跡を分析するために、ファイルに用いられている部分
以外も含めた証拠保存が求められることが多い。

1.4 SSD などの記録媒体の多様化にデジタル・フォレンジックがどう対応するか

　パソコンと、補助記憶装置としてのハードディスクという単純な構成に対す
るデジタル・フォレンジックは証拠保全の技術が比較的確立しているが、近年
は機器の多様化と記憶媒体の多様化により、デジタル・フォレンジックの対象
は広がっている。

1.4.1　SSD などフラッシュメモリを用いた記録媒体のフォレンジック

　フラッシュメモリは回路構成により大容量を確保できるが、ある程度連続し
た領域の読み出ししかできない NAND 型と、小容量だが 1 バイト単位での読
出しが可能な NOR 型に分類できる。補助記憶装置として利用されるのは多く
が NAND 型である。フラッシュメモリ内の記憶素子(セル)は蓄積した電荷の
量で情報を表しているが、電荷の有無のみを情報として 1 セルあたり 1 ビット
を記録したものを SLC(Single Level Cell)、電荷の量を数段階に変化させるこ
とで 1 セルあたり 2 ビット以上の記録を可能にしたものを MLC(Multi Level
Cell)とよぶ 。MLC のなかでも 1 セルあたり 3 ビット、4 ビットの記録を行っ
ているものを TLC(Triple Level Cell)、QLC(Quad Level Cell)とよぶことが
ある。当然、SLC より MLC のほうが大容量が確保できるが、後述するような
性能劣化がある。

　NAND 型フラッシュメモリの各セルの書込み可能回数は、セルの微細化が
進むほど、またセルあたりの書込みビット数が増えるほど上限値が小さくなる
傾向にある。各セルは書き込むごとに電荷を保持するための絶縁膜が劣化して

いくため、書込みが多く行われたセルは次第に長時間データを保持できなくなり、使用に耐えなくなっていく。そこで、SSD などでは性能が保証可能な書込み回数を書込みデータ量に換算して、保証書込み容量（単位は TBW、書込み可能テラバイト）で表記することとなっている。

　半導体技術協会（JEDEC）の定めた JESD218 規格においては、クライアント向けパソコンに関しては温度 30 度で 1 年間、企業向けサーバーに関しては温度 40 度で 3 カ月間データが保持できるまでの劣化を許容してこの保証書込み容量を定めている。言い換えれば、たとえ保証期間内であっても 1 年以上電源を投入されていない SSD はその内容が読み取れる保証はない。よって、SSD が証拠保全の対象となった場合には、より長期保存可能なメディアに速やかにその内容を移すべきであるし、USB メモリや SD カード、フラッシュメモリを用いた IC レコーダなどの機器も電源を投入しない状態で長期間保存することは好ましくない。

　なお SSD については、累計の書込みデータ量は SSD 内のコントローラが記録しており、その値をツールを使って読み出すことが可能なので、その劣化具合を推し量ることが可能である。

　NAND 型フラッシュメモリに関してもう一つ重要な性質に、消去が大きな単位でしか行えないことがある。OS は補助記憶装置をセクタとよばれる、512 又は 4096 バイト程度の単位で読み書きしようとするが、フラッシュメモリはこれより大きなページとよばれる単位（サイズは 256 バイトから 16384 バイト程度）でしか読み書きを行うことができない。しかも、書込み前には、さらにいくつかのページを集めたブロックを単位として消去を行ってから、そのブロック内のページすべてに同じデータを書き込む必要がある（図 1.9）。

　結果的に内容に変更がないページに対しても同じデータを上書きすることになるので、フラッシュメモリの書込み速度を低下させるだけではなく、本来は書換えが必要ないメモリセルに対しても書込みが行われ、劣化を早めることを意味している。

　そこで、SSD はコントローラにおいて以下のような工夫をしている。ブロッ

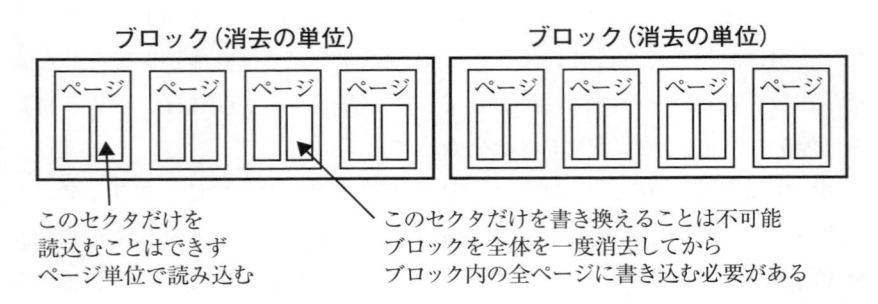

図1.9　SSD のブロック・ページ・セクタの関係

クを仕様上の書込み容量に対して余分に用意しておき（代替ブロックとよぶ）、これをあらかじめ消去しておくとともに、あるセクタの書込みが発生した際にはそのセクタを含むページを消去済みの代替ブロックに複製しつつ、必要な部分だけを書き換える。その後、代替ブロックを使用中のブロックとするとともに、元のブロックを代替ブロックに登録する（図1.10）。このことで、書込みの際に改めてブロックを消去せずに済むため、書込みの高速化が図れる。さらに、この消去済みのブロックをできるだけ前もって用意するため、ファイルの削除などに伴い内容が不要になったセクタを OS からコントローラに通知させる。コントローラは不要セクタを集めてブロックの単位にまとめ、自動的に消去する。こうして消去済みの代替ブロックを用意する操作を、OS や CPU の動作とは無関係に SSD 自身が行うことで、OS による新たな書込み時には消去操作が不要になり、書込み性能が上がる（Trim 機能とよぶ）。加えて、コントローラの機能により、書込みの多いブロック内のセクタを書込み回数の少ない代替ブロックに再配置することで、各ブロックの書込み回数を平均化する（ウェアレベリングとよぶ）。こうすることにより、各ブロックの書換え回数が上限値に達する時期をできるだけ遅らせてメディアの寿命を延ばすことができる。

　しかし、デジタル・フォレンジックを行ううえではこのことが大きな問題になり得る。Trim 及びウェアレベリングにより、OS によって不要とされたメモリ領域は SSD では速やかにコントローラによって消去されるため、消去さ

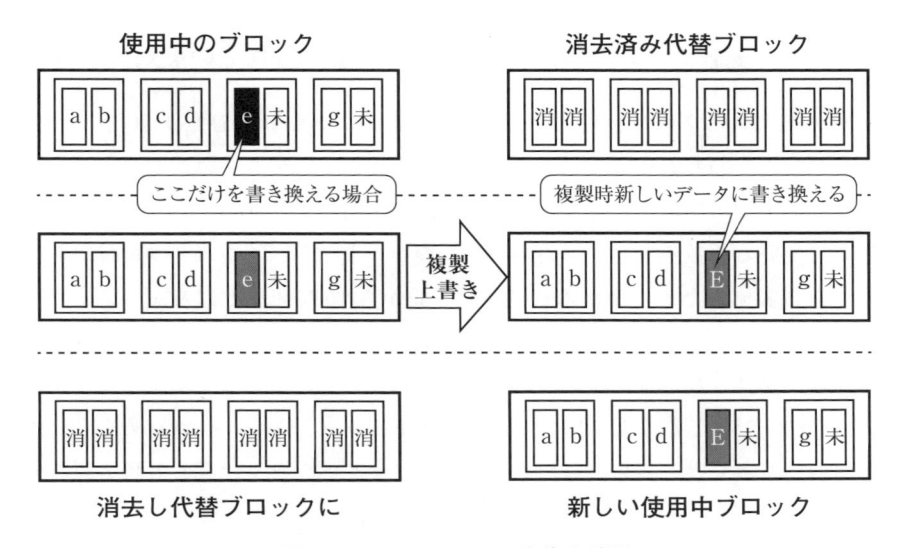

図 1.10　SSD のセクタ書換え手順

れたファイルの実体がメディア上に残らない。つまり、削除ファイルの復元を行っても、データが復元できないような状況に陥りやすい。よって、SSD のデジタル・フォレンジックについては、通常のハードディスクとは異なり、未使用領域も含めた証拠保全を行うことは効率が悪く、使用中のファイルのみ保全すればよいという考え方もあり得る。

　その一方で、近年の SSD は性能向上と寿命の向上を狙って比較的大容量の代替ブロックを保有している。書換え回数が上限に達して書込みエラーを起こしたブロックは不良ブロックとして待避されているが、この内容にエラーこそあるものの過去のデータが残されている可能性があり、これがデジタル・フォレンジックのうえで重要な証拠となる可能性がある。このようなセクタは、SSD を構成するフラッシュメモリのチップを基板から取り外せば直接読み出すことができる。ただし、このような証拠保全のあり方については現時点では標準的な手順が存在しない。

1.4.2　ハードディスクの大容量化に伴い求められている対応

　ハードディスクは大容量化が進み、1 ドライブあたりの容量が 10 テラバイトを超えるものも安価に入手できるようになった。このことは、ハードディスク全体の未使用領域を含めた証拠保全に大きな時間がかかるという問題を引き起こしている。数テラバイトの容量をもつハードディスクドライブでは、その全体を複製するためにかかる時間が数時間から 10 時間以上に及んでいるためである。一方で、調査に必要なデータ領域はわずかである場合が多いので、調査対象のファイルを証拠保全前に調査し、あらかじめ必要なファイルなどを特定(トリアージ)したうえで保全するファスト・フォレンジックが求められることが増えてきている。しかし、ファスト・フォレンジックは調査対象の原状維持が難しい調査でもあるため、「どのような場合にどのようにトリアージを行うべきか」に関してはまだ議論が多い。

　また、ハードディスクは不良となったセクタを自動的に代替するための余剰セクタがあらかじめ用意されているが、ハードディスクの大容量化に伴い、余剰セクタの容量も大きくなってきており、数十から数百メガバイトに達している。特殊なコマンドをコントローラに送ることによってその領域にあえてデータを書き込んでおくことにより、デジタル・フォレンジックにおける発見を困難にさせることができる場合がある。下垣内太氏は 2016 年のセキュリティ・カンファレンス CodeBlue においてそのようなデータ隠蔽が可能であることを示し、PARADAIS と名づけて注意をよびかけている。

1.4.3　証拠保全対象の多様化に伴う対応

　デジタル・フォレンジックの対象となるデバイスがパソコンからさまざまなデバイスに広がるに従い、その証拠保全が求められるようになってきた。しかし、パソコンの場合と異なり、補助記憶装置の取外しや単独での読出しが容易ではない場合が多く、証拠保全は特殊な技術又はツールを要する。

　代表的な例がスマートフォンである。現在のスマートフォンは多くの場合、

主要な外部記憶装置として内蔵するフラッシュメモリが用いられている。このフラッシュメモリ内に OS の挙動に関わるログなどの電磁的証拠が書き込まれているが、このフラッシュメモリだけを取り外す方法は通常存在せず、フラッシュメモリの内容だけを外部に取り出す方法も用意されていない。最終的な手段としてはスマートフォン自身を分解してフラッシュメモリを取り外し、直接特殊な機器を使って読み出すことができるが、現在のスマートフォンでは補助記憶装置全体にわたり暗号化されており、その内容を判読することが困難である。

　そこで、本体を分解することなく証拠保全しようとすると、以下のような手法をとらざるを得ない。

① 　通常のスマートフォン利用操作を通じて可能な限りのデータを読み出し、その経過を記録する。例えば、SNS でやりとりされたメッセージの保全のためには、実際に当該 SNS アプリケーションを起動したうえでメッセージを読み取ってその経過ごと記録する。

② 　スマートフォンのバックアップ機能を用いてその内容をパソコンやクラウドに書き出したうえで、フォレンジックツールを用いて解析する。

③ 　OS を開発者モードに設定したうえで、開発用パソコンを接続し可能な限りのデータを直接抜き出す。例えば Android の場合、開発者向けに提供されている adb とよばれるツールを用いることにより、内部のファイルの読み出しをある程度行うことができる。

④ 　OS の脆弱性やブートローダの書換えを通じて特権モードを得て、証拠保全用のソフトウェアを本体に導入し、ファイル全体を保全する。なお、特権モードを得る手法は iOS では Jailbreak、Android では root 化とよばれている。

　このような証拠保全を行うためには、本体のロック解除のためにスマートフォンの使用者の協力を得る必要があり、それは状況によっては困難である。また OS の特権モードを得ることは、一般にはスマートフォンの製品保証を無効にする行為である。さらに、いずれの証拠保全も厳密には証拠保全によって

スマートフォン上のデータが変化し、原状が維持できない。このように、スマートフォン本体の証拠保全は標準的な技術が確立しておらず、状況に応じて可能な限り原状を維持しつつ、通常の使用操作に沿ってその内容を可能な範囲で取得することで行うことが多い。

この他、スマートフォン以外にも、音声 IC レコーダや多くの家電、ネットワーク機器、各種 IoT デバイスにおいてフラッシュメモリが補助記憶装置として使われている。これらに関する証拠保全の手法に統一的な手法はないが、音声 IC レコーダやデジタルカメラ等、一部のデバイスにおいては USB インターフェースなどを通じて USB メモリのように扱える場合があり、通常の補助記憶装置同様の証拠保全を行うことが可能である場合がある。

1.5 デジタル・フォレンジックとコンピュータにある OS とファイル

コンピュータ内のソフトウェアは、OS などの基本プログラムとアプリケーションプログラムに分類できる。この OS 自身やアプリケーションによって生成されたデータは、補助記憶装置にファイルとよばれる形式で格納される。ファイルの管理の仕組みをファイルシステムとよび、OS のもつ主要な機能の一つとされる。

メモリを含め、あらゆる記憶装置上のデータは、0 か 1 かのデータ（ビット）の羅列にすぎない。このデータをファイルという形式にした際には、一般に 1 バイト（8 ビット）を単位とするデータ列として扱われる。これに人間がいろいろな解釈を加えることにより意味を与え、プログラムに処理させている。これをデータ表現とよぶ。このデータ表現の理解はフォレンジックで得られるデータの理解に不可欠であるので、以下、さまざまなデータ表現について解説する。

1.5.1 主なファイルのデータ表現

(1) 数値のデータ表現

コンピュータで 0 以上の整数値を表現するには 0 と 1 だけで表される 2 進法の数(2 進数)が使われる。これを符号なし整数とよぶ。一般のプログラム中では、16、32、64 ビットの値が使われることが多い。これらはそれぞれ、0 から 65535、約 43 億、約 1800 京までの数が表現できる。負数も表現したいときは 2 の補数表記とよばれる表現を用いて、絶対値が符号なし整数の場合の約半分になるような範囲の値が表現できる(例えば 16 ビットでは、−32768 から 32767 までの値が表現できる)。

小数の値を表現するには通常、浮動小数点表現とよばれる特殊な表現を用いる。最も多く使われている IEEE 754 規格の場合、浮動小数点表現には 32 ビット又は 64 ビットの値を用いて、10 進数換算でおよそ 7 桁又は 15 桁程度の精度の数値表現を可能にしている。

これらの数値表現は以下のデータ表現の基礎として使われている。

(2) 文字のデータ表現とテキストデータ

1 バイトの値が文字を表すとみると、256 通りの文字が表現できる。これは漢字を表現するには不十分だが、英語のアルファベットや数字、いくつかの記号程度を表すには十分なので、英語圏ではこれに ISO 646、俗に ASCII(アスキー)コードとよばれる規格で意味を与え、100 程度の文字を表すのに使っている。日本では ASCII コードにカタカナを加えた JIS X 0201 規格が 1 バイトで文字を表す分野で使われ、俗に半角文字とよばれている。漢字を表すには 1 バイトでは不十分なので通常は 2 バイトを用いる。日本で代表的に使われているのは JIS X 0208、俗に JIS 漢字コード又は全角文字とよばれる表現である。半角文字と全角文字を混在させる技術は歴史的経緯から数種類が混在して使われており、インターネットの電子メールなどでは ISO-2022-JP とよばれる規格、Windows や MacOS ではシフト JIS とよばれる規格が使われている。

近年では Unicode とよぶ、単一の文字コードで世界中の文字を表現するも

のが広く使われるようになってきた。この Unicode は Unicode Consortium とよばれる業界団体で制定されているが、国際標準規格の ISO/IEC 10646 に随時反映されている。Unicode は 21 ビットの長さがあり、約 200 万種類の文字が表現可能であるため、世界中の文字を表現するためには十分であろうと考えられている。文字の追加は随時行われており、そのたびにバージョン番号が付される。2019 年 4 月現在の最新版は Unicode 12.0 であり、137,929 文字が登録されている。Unicode では、各文字を正確に表そうとすると 3 バイトが必要になる。しかし、先頭の 128 文字は ASCII コードと互換である。そのため、非常によく使われる ASCII コード互換部分は 1 バイトで、そうでない場合はよく使われる文字ほど短くなるようにしながら 2 バイトから 4 バイトで表現できる UTF-8 とよばれる形式が広く使われている。UTF-8 では、漢字の多くは 1 文字 3 バイトで、まれに 4 バイトで表現される。

　このような文字だけから成るデータをテキストデータとよび、そのファイルをテキストファイルとよぶ。テキストファイルは、文字コードが何であるかさえわかれば、テキストエディタとよばれるツールで表示や編集が容易に行える。これに対して、文字では表現できない数値データなども含むデータやファイルをバイナリデータ、バイナリファイルと呼び、機械語で記述されたプログラムがその代表例である。インターネットでは、プログラム、音声や画像、一部の圧縮ファイルを除けばほとんどのデータはテキストデータとして通信、交換されている。このようなデータはフォレンジックの際にも文字として表示できるので、比較的分析が容易である。

　バイナリデータも文字を基本とする電子メールなどで利用する際には都合が悪いため、テキストデータへ変換してから扱うことが広く行われている。例えば Base64 とよばれる変換では、バイナリデータを 3 バイトごとに区切って ASCII コードの文字 4 文字に変換する。これにより 3 割ほどデータ量が大きくなるがテキストデータとしてインターネットで送信可能になる。この技術は電子メールへの添付ファイルなどで用いられており、メールクライアントの機能によって自動的にバイナリデータとテキストデータの相互変換が行われている。

(3) 音声や画像のデータ表現

　画像のデータ表現法はいくつかの手法があるが、代表的なものは点に分解して表現するものである。例えば、画像を 1024 行 1024 列に並んだ点で表現するとしよう。1 点あたり 1 ビットの値を与え、白なら 0、黒なら 1 の値を与えると、この大きさの単純な白黒画像が表現できる。この場合、データ量は 128KB になる。カラー画像の場合は、例えば 1 点あたり 3 バイトの値を使って、光の三原色である赤緑青(RGB)の強さをそれぞれ 1 バイトつまり 256 段階で表現すると、1024 行 1024 列に並んだ点のデータ量は 3MB になる。各点は 256 の 3 乗すなわち約 1678 万色の表現が可能である。

　しかし、このままではデータ量が大きくなりすぎるので、近年では画像における明るさの上下左右方向での変化を波と見なし、三角関数のコサインで表される波の重ね合せとして表現することによりデータ量を削減する手法が広く使われている。これを離散コサイン変換というが、この技法を主に用いたデータ削減を行った画像のデータ形式が JPEG である。この離散コサイン変換は動画像のデータ形式である MPEG や、音声データの形式である MP3 等でも広く使われている。この離散コサイン形式によるデータ表現はデータ量を数十分の一に圧縮する代わりに、元データの近似でしかないため、完全には元の画像や音声等を再現できていないという問題がある。このような性質があることから、離散コサイン変換に基づくデータ表現は不可逆圧縮ともよばれる。

(4) Web ページ、電子メールと、文書やスプレッドシート等のデータ

　Web ページは HTML、電子メールは RFC822 形式とよばれる、いずれも文字と記号から成るテキストデータが基本的なデータ形式となっている。よって、テキストデータと見なすことでその内容は容易に表示でき、理解できる。これに対し、文書ファイルやスプレッドシートはこれまで独自形式のバイナリデータであった。例えば、Word を表す doc ファイルや Excel を表す xls ファイルは、いずれもバイナリファイルである。

　しかし、最近のアプリケーションでは HTML の基礎となっているデータ形

式 XML によるテキストデータをファイル形式とする例が増えている。現在の Word や Excel で利用される docx ファイル、xlsx ファイルは、XML ファイルと必要な画像ファイルなどを、後述する ZIP 形式にまとめて圧縮したものである。

(5) 情報の圧縮

　デジタルで情報を扱う際の一つの利点は、データ圧縮技術の発達により、より少ないデータ量で元のデータを送る手法が確立していることにある。ZIP などの名で知られる圧縮ファイルは、元のデータを通常の半分程度、テキストデータでは 10 分の 1 程度に圧縮することができ、かつ復元することができる。

　ZIP ファイルや RAR ファイル、CAB ファイル等は、複数のファイルを内部にもつ。これをアーカイブとよぶ。アーカイブファイルは圧縮されている場合が多いことから、データを圧縮してアーカイブファイルを作成するプログラムをアーカイバとよぶことが多い。

1.5.2　ファイルシステムの基本的機能

　現在主流となっている OS である Windows や UNIX 系 OS では、ファイルはバイト単位で長さを自由に伸縮できる単なる一連のデータである。ファイルの読み書きは一般に先頭から順次行われるが、必要な操作をすれば任意の位置からも読み書きできる。ファイルの末尾に書込みを行った場合はファイルは自動的に長さが伸びていき、ファイルサイズが大きくなる。特定の場所から後ろを切り離して削除するのも容易である。

　ファイルシステムで使われるメディアは、いずれも固定長(128 バイト程度から数キロバイト程度)のセクタ単位で読み書きされる。ファイルシステムでは、ファイルをこのセクタ単位に分割して格納し、管理する。この際、各ファイルに関し以下のような情報を管理している(これらをメタデータとよぶ)。

- ファイル名(このうち最後のピリオドより後ろを拡張子とよび、**表 1.1** のようにファイルの種類を表す)。

表 1.1　拡張子及びそれぞれの意味一覧

拡張子	意味	拡張子	意味
exe	プログラム	com	プログラム（MS-DOS でかつて用いられたもの）
dll	ダイナミックリンクライブラリ（複数のプログラムで共有されるコードが格納されている）	cmd	バッチファイル（Windows NT 以降の cmd.exe 用）
bat	バッチファイル（MS-DOS でかつて用いられた）	ps1	バッチファイル（PowerShell スクリプト）
txt	プレーンテキスト（書式のない文書ファイル）	md	MarkDown テキスト（MarkDown とよばれる簡単な書式がついたテキストファイル）
doc docx	Microsoft Word の文書	xls xlsx	Microsoft Excel の表
ppt pptx	Microsoft PowerPoint のプレゼンテーション	jtd	一太郎の文書
rtf	リッチテキストフォーマット（文書ファイルの一種）	csv	CSV ファイル（表計算などで利用できるテキストファイル形式）
eml	電子メールをファイルに書き出したもの	pdf	PDF ドキュメント
htm html	HTML 文書	css	スタイルシート
url	URL ショートカット	gif	GIF 形式画像
png	PNG 形式画像	jpg jpeg	JPEG 形式画像
tif tiff	TIFF 形式画像	emf wmf	WMF 形式画像
ai	Adobe Illustrator 形式画像	eps	EPS（Encapsulated PostScript）形式画像
avi	AVI 形式動画像	wmv	WindowsMedia 形式動画像
qt mov	Quicktime 形式動画像又は音声データ	mpg mpeg	MPEG 形式動画像
mp3	MP3 形式音声データ	wav	WAVE 形式音声データ
wma	WindowsMedia 形式音声データ	cs	C# プログラムソース
java	Java プログラムソース	va	Script プログラム
vbs	VisualBasic Script プログラム	pl	Perl プログラム
rb	Ruby プログラム	py	Python プログラム
7z	7z 形式アーカイブ	zip	ZIP 形式アーカイブ
rar	RAR 形式アーカイブ	cab	CAB 形式アーカイブ
tar	tar 形式アーカイブ	gz	gzip 形式圧縮ファイル
bz bz2	bzip または bzip2 形式圧縮ファイル	taz tgz	tar 形式アーカイブを gzip で圧縮したもの
tbz	tar 形式アーカイブを bzip2 などで圧縮したもの	log	ログファイル（テキストファイルであることが多い）

- 配置情報(ファイル先頭のセクタ位置と各部分のセクタ位置など)
- 長さ(バイト数)
- タイムスタンプ(作成日時、最終更新日時、最終アクセス日時等)
- アクセス制御情報(ファイルの所有者、読取り、書込み、プログラムとしての実行などの操作を許されたユーザーのリスト等)
- その他の付加データ(ファイルの種類、アイコン等)

　各プログラムがファイルを読書きするということは、ファイル名から該当するメタデータを取り出し、ファイルの配置情報を得てデータを取り出したり、書き込みつつファイルの配置情報を更新するということである。

　通常ファイルの削除は、このメタデータの無効化によって行われる。しかし、その場合でも削除されたファイルのデータそのものはすぐには上書きによって消去されない(Trim 機能のある SSD の場合を除く)。

　したがって、ツールを用いて削除されたファイルの復元を行うことができる場合がある。ただし、SSD においては削除されたファイルのデータが占めていた領域はコントローラによって消去され、新しい代替ブロックとして準備される。このため、SSD における削除ファイルの復元は一般に困難になりつつある。

　1つのメディア内にファイルが多数あると整理が困難になるので、多くのファイルシステムでは、ファイルはディレクトリ又はフォルダとよばれる単位でまとめて管理できるようになっている。ディレクトリ内ではファイル名がファイルの識別に用いられるので、1つのディレクトリのなかには同じファイル名のファイルは複数存在できない。

　ディレクトリのなかにはさらにディレクトリを格納できるので、ディレクトリ間に親子関係が生じる。これは木(ツリー)構造で表現できることから、ディレクトリツリーとよぶ。

　メディアのなかには少なくとも1つのディレクトリが必要であり、これがディレクトリツリーの根(ルート)となるので、ルートディレクトリ(又はルートフォルダ)とよばれる。ルートディレクトリ以外のディレクトリはサブディ

レクトリ（又はサブフォルダ）とよばれ、一般的にファイルと同様に名前をつけて管理されている。

　ファイルシステムのうえでのファイルの位置を示すため使われる表記がパス（Path）である。パス名はルートディレクトリから順に、ディレクトリツリーを辿ったディレクトリ名を列挙し、最後にファイル名を書いて表記する。区切り記号には Windows などでは "¥" を、UNIX では "/" を用いる。

1.5.3　フォレンジックの対象とされるファイル

　OS やアプリケーションのなかには、その動作に関わる情報を補助記憶装置内に記録するものがある。これを一般にログとよぶ。

　ログは、アプリケーションのインストールや削除、OS による通信等が行われるごとに生成され、ファイルの形で記録する。Windows においては、通常のファイルの他に、イベントログとよばれる特殊なファイル形式で記録されているものがあるが、これはイベントビューアとよばれるファイルで読み取ることができる。

　これらのログは、当該機器の使用者の機器操作を反映しているため、フォレンジックの際には重要な電磁的証拠として扱われる。

　このほかに、ログという明示的な形でなくとも意図しない形でシステムの動作や使用者の操作の痕跡がファイルシステム内に残る場合がある。例えば、最近の Windows ではアプリケーションの起動を高速化するためにプリフェッチファイルとよばれるファイルを生成することがあるが、このファイルの痕跡がアプリケーションの起動履歴の手がかりになることがある。このような各種の痕跡をアーティファクトとよぶ。

　フォレンジックツールの主な機能は、電磁的証拠となり得るファイルの検索や表示だけではなく、各種アーティファクトを見つけ出して整理し提示することにあるといえる。

1.6 デジタル・フォレンジックの一般的手順はどのようなものか

1.6.1 デジタル・フォレンジックの対象は何か

　デジタル・フォレンジックの対象になるのは、次に掲げるハードディスク（HDD）などの電磁的記録媒体（以下「記録媒体」という。）、記録媒体を内蔵する IT 機器及びネットワーク構成機器等である（**図 1.11**）。

- ハードディスク（サーバー・パソコン内臓ハードディスク、ネットワーク接続ハードディスク、ポータブルハードディスク）
- 光ディスク（Blu-ray、DVD、CD）
- メモリー（SSD、SD メモリーカード、USB メモリー）
- スマートフォン、携帯電話、電話機

カーナビ装置

ドライブレコーダ
出典）Freebie AC
https://www.ac-illust.com/

サーバー

ECDIS
（電子海図情報表示装置）

防犯カメラ

パソコン

複合機

出典）　日本無線「ECDIS 電子海図情報表示装置 JAN-9201/7201」(https://www.jrc.co.jp/jp/product/lineup/jan9201_7201/index.html)

図 1.11　デジタル・フォレンジック対象機器（例）

- 複合機、ファックス
- ミュージックプレイヤー(iPod など)
- カーナビ装置、ECDIS(電子海図表示装置)
- 防犯カメラ、ドライブレコーダ
- ルータなど

　記録媒体などがデジタル・フォレンジックの対象になるのは、電源を切っても記録媒体上に記録されているデータは消えないこと、また、データが削除されても、別のデータが上書きされない限りデータとして残留しているなど、過去から直近までの電子メールなどの情報が残っている可能性が高いからである。

1.6.2　事前に準備しておくものはどのようなものか

　メモリーなどの記録媒体は、静電気に弱いことから、静電気防止用のリストバンド、手袋、静電気防止用の床マット及び小物の証拠物を搬送するための静電気防止用の収納袋などを事前に準備しておく必要がある(図 1.12)。

　フォレンジックツールとしては、証拠保全用に使用するハードディスク上のデータを消去する消去装置、証拠物の記憶媒体等のデータを証拠保全するための複製ツール、証拠物の記録媒体等に書込みを防止するための書込み防止装置、証拠保全されたデータを処理し、解析を行うための解析用ソフトウェア及びデジタル・フォレンジックの実施過程を記録するためのビデオカメラ等を準備しておく必要がある。

1.6.3　デジタル・フォレンジックの一般的手順はどういうものか

　本項では、デジタル・フォレンジックの一般的手順をパソコンを例に解説する(図 1.13)。

　事件などが発生したとき、関係者が使用しているパソコン、スマートフォン等の IT 機器は証拠物として押収の対象になる。また、捜査官などは、事件などの証拠を発見するため、捜査機関などのフォレンジック・ラボにおいて、デジタル・フォレンジックを実施することとなる。

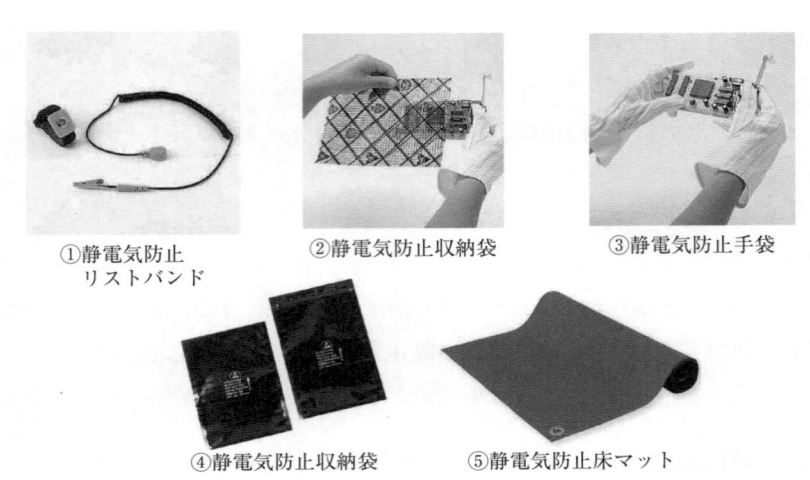

①静電気防止
　リストバンド　　　②静電気防止収納袋　　　③静電気防止手袋

④静電気防止収納袋　　　⑤静電気防止床マット

出典 ①②）サンワサプライ
　　　　　（https://www.sanwa.co.jp/search/search.asp?q=%E9%9D%99%E9%9B%BB&submit_f=True）
出典③）サンワサプライ（https://www.sanwa.co.jp/product/syohin.asp?code=TK-SE8）
出典④）アズワン（https://axel.as-1.co.jp/asone/g/NC3-6879-01/?cfrom=I0041000&print=true&pdf=true）
出典⑤）アズワン（http://catalog.as-1.co.jp/?cd=AQ）

図 1.12　準備しておくべき物品（例）

　パソコンは電源を投入すると、内蔵のハードディスクから起動され、一部の
ファイルのタイムスタンプ（ファイル作成時刻、ファイル更新時刻及びファイ
ルアクセス時刻）が Windows などの OS によって書き換えられる。ファイルへ
のアクセス時刻が問題となる場合もあり、また、ファイル削除プログラムが仕
込まれているときには、パソコンを起動する際に証拠となるファイルが削除さ
れるおそれがある。このため、押収時にパソコンの電源がオフになっている場
合は、原則として電源をオンにしてはならない。

　電源がオンの場合は、使用 OS やシステム時計の正確性の確認、ネットワー
ク環境の確認、パソコン画面やプリンター等に表示・出力されていた状況を記
録及び必要があれば電源をオフにすると消える揮発性情報を取得したうえで、
電源プラグをコンセントから引き抜き強制的に電源オフにする。ノートパソコ
ンの場合は事前にバッテリーパックを外しておく。

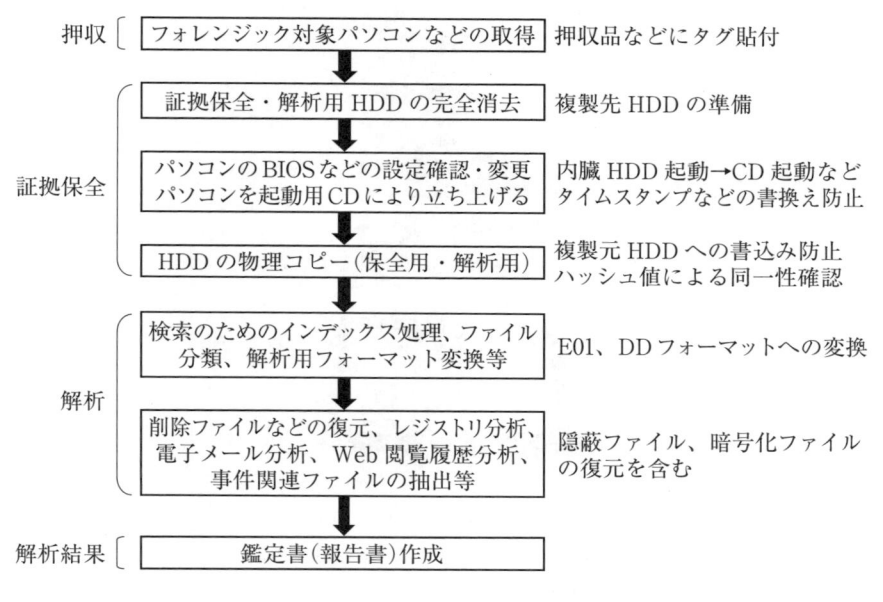

図 1.13　デジタル・フォレンジックの一般的手順

　対象パソコンの内蔵ハードディスクが取り外しにくい場合は、複製ツールの
パソコン起動用 CD を用いて対象パソコンを起動できるようにパソコンの
BIOS などの設定変更を行う。

　次に、対象パソコンを当該 CD から起動して、データを完全消去した証拠保
全用及び解析用のハードディスクに複製する。複製が終わると、証拠保全用
ハードディスクは、ビニール袋などに密封し、証拠として保管する。そして、
以後の解析は、解析用ハードディスクを用いて実施する。

　ハードディスクが取り外せる場合は、**図 1.14** に示すとおり複製ツールを用
いて、複製元から複製先の２つのハードディスクに複製を行う。

　デジタル・フォレンジックでは、物理的に脆弱なデジタルデータを取り扱う
ことから、証拠性を確保しつつハードディスクなどの証拠保全対象物(以下
「対象物」という。)に記録されている電磁的記録を複製することが求められて

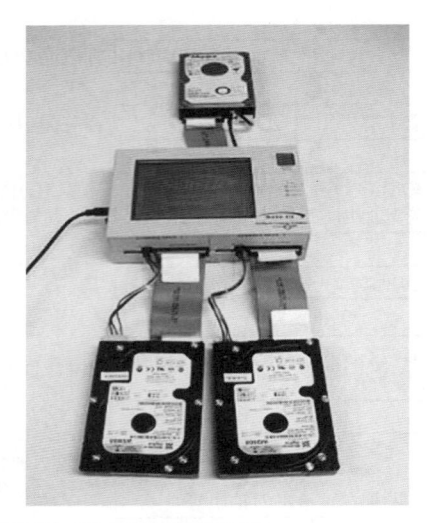

写真提供）　株式会社 FRONTEO

図 1.14　複製ツールによるハードディスクの複製
（上が複製元、下の 2 つが複製先）

いる。

　対象物を複製するには、論理コピーによる場合と物理コピーによる場合の 2 つの方法がある。**図 1.15** に示すとおり、ワープロソフトなどアプリケーションソフトで作成したファイルをコピーするときは、通常は論理コピー（ファイルコピー）を行っている。論理コピーは、OS が認識できるファイルのみを複製する。

　一方、物理コピーは、ファイルの領域として割り当てられていないフリースペースを含めハードディスクの全領域のビット列を複製する。フリースペース及びスラックスペースには、過去に削除されたファイルや、故意に隠蔽されたファイル等が、上書きされない限り残っている可能性があることから、デジタル・フォレンジックの場合は、物理コピーを行う。

　物理コピーは、複製ツールにより行われる。複製元に何らかの書込みが行われ、デジタルデータが損なわれないように、書込み防止のための装置又はソフ

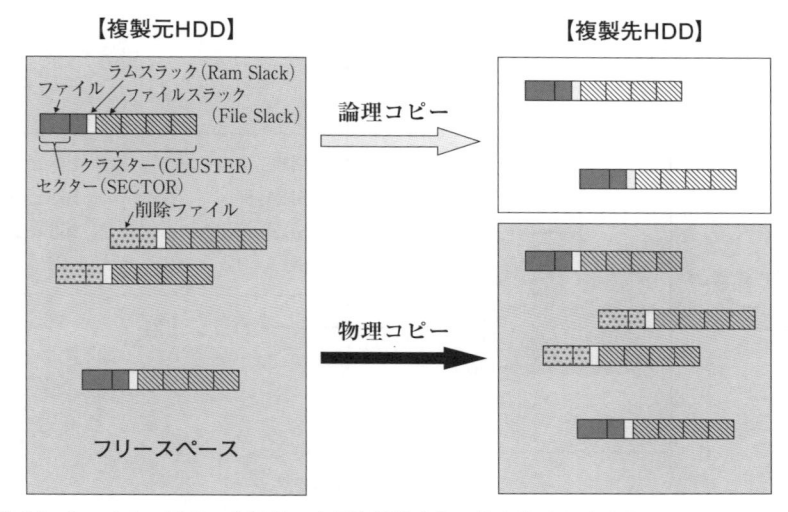

出典）佐々木良一監修、舟橋信・安冨潔編集責任、特定非営利活動法人デジタル・フォ
　　　レンジック研究会編『改訂版　デジタルフォレンジック事典』8 頁（日科技連出版
　　　社、2014 年）

図 1.15　物理コピーと論理コピー

トウェアを用いる必要がある。**図 1.14** の複製ツールには、書込み防止機能が
組み込まれている。

　証拠保全では、複製元と複製先のデジタルデータが一致すること、すなわち
同一性を証明することが求められる。デジタル・フォレンジック研究会の「証
拠保全ガイドライン」では、ハッシュ値などが推奨されている。

　フォレンジック用の複製ツールを用いると、複製元と複製先のデジタルデータ
を、MD5 又は SHA-256 などのハッシュ関数（**図 1.16**）により、ハッシュ値が算
出される。ハッシュ値が一致すれば、2 つのデジタルデータは、完全に一致し
ていることが数学的に証明される。

　解析の段階では、フォレンジックツールに組み込まれているビュアーを用い
て、文書、会計書類、電子メールといったアプリケーションソフトにより作成
されたファイルの内容を確認し、事案に関連するファイルを抽出する。

　削除されたファイル、拡張子とファイルヘッダーが異なるファイルや暗号化

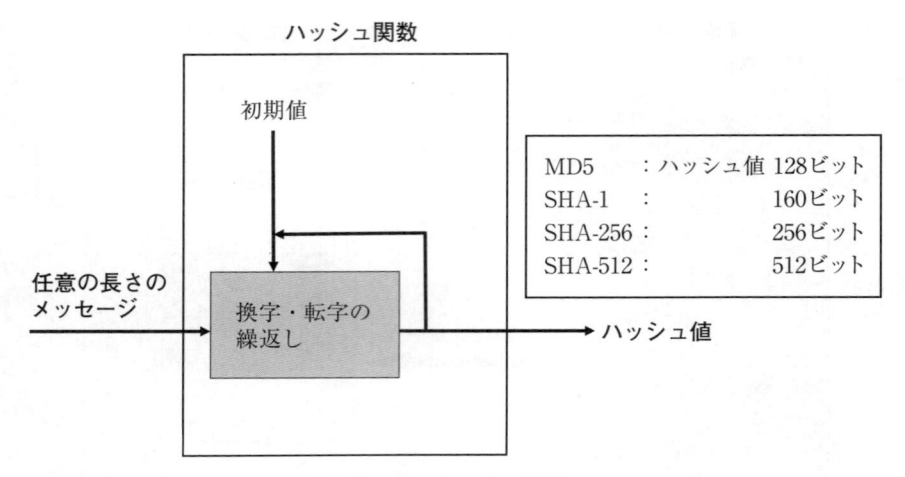

図 1.16　ハッシュ関数

されたファイル等、隠蔽されたファイルの復元を行い、内容を確認したうえで、事案に関連するファイルを抽出する。

　パソコンの過去の使用履歴、例えばアクセスしたファイル、ダウンロードしたデータ、USB 端子に接続した外部記憶媒体、インターネット閲覧履歴、銀行へのアクセス履歴等、時系列に再現し、対象者の行動を確認することができる。

　最後に、解析結果をまとめ調査報告書を作成し、終了する。なお、デジタル・フォレンジックの実施過程において行ったことは、完全に、正確に、包括的に記録することが必要である。

参考文献

［1］　佐々木良一編著『デジタル・フォレンジックの基礎と実践』(東京電機大学出版局、2017 年)

［2］　佐々木良一監修、舟橋信、安冨潔編集責任、特定非営利活動法人デジタル・フォレンジック研究会編『改訂版　デジタル・フォレンジック事典』5 頁(日科技連出版社　2014 年)

［3］　デジタル・フォレンジック研究会「デジタル・フォレンジックとは」(https://

digitalforensic.jp/home/what-df/）

〔4〕 Wikipedia "Marcus J. Ranum"（https://en.wikipedia.org/wiki/Marcus_J._Ranum）

〔5〕 情報処理推進機構「インシデント対応へのフォレンジック技法の統合に関するガイド」（NIST SP800-86 の日本語訳）（https://www.ipa.go.jp/files/000025351.pdf）

【コラム①】デジタル・フォレンジックに関する ISO 規格の制定

　ISO/IEC の 27000 番台が情報セキュリティ関連の規格番号に割り振られており、主に SC27 という情報セキュリティの要素、管理システム、サービス技術の標準化（共通的、基盤的な技術関連）を担当する Sub-Committee で検討が行われている。さらにそのなかの、WG4 という Security controls and services を扱う Working Group によって、デジタル・フォレンジックに関する規格が 2012 年以降、順次定められている。

　主なものを紹介してみると、以下のとおりである。

- ISO/IEC 27037：2012―Guidelines for identification, collection, acquisition and preservation of digital evidence（デジタル証拠の識別、収集、取得及び保全の指針）
- ISO/IEC 27041：2015―Guidance on assuring suitability and adequacy of incident investigative method（インシデント調査手法の適切性及び妥当性を確保するための手引）
- ISO/IEC 27042：2015―Guidelines for the analysis and interpretation of digital evidence（デジタルエビデンスの分析及び解釈の指針）
- ISO/IEC 27043：2015―Investigation Principles and Processes（捜査の原則及びプロセス）
- ISO/IEC 27050-1：2016―Electronic discovery Part1（e ディスカバリ パート 1）
- ISO/IEC 27050-2：2018―Electronic discovery Part2（e ディスカバリ パート 2）
- ISO/IEC 27050-3：2017―Electronic discovery Part3（e ディスカバリ パート 3）

　これらは継続的に改定の議論が進められている。なお、規格の詳細については、以下の ISO の Web ページを参照してほしい。

- ISO/IEC 27037：2012（https://www.iso.org/standard/44381.html）
- ISO/IEC 27041：2015（https://www.iso.org/standard/44405.html）
- ISO/IEC 27042：2015（https://www.iso.org/standard/44406.html）

第2章
デジタル・フォレンジック実務全般の留意点

2.1 データ収集ではどのようなことに留意するか

2.1.1 データ収集の実務全般における留意点

　デジタルデータは揮発性が非常に高く、時間の経過とともに消去、改ざんの可能性が高くなる傾向をもつ。また、安易な証拠データへのアクセスも同様に改ざん、消失の可能性を高くする。そのため、証拠となるデータを改ざんさせずかつ短時間に確保する必要がある。このように法的適合性をもたせたまま、証拠データを確保する作業をデータ収集という（データ収集と同じ意味として証拠保全という言葉も使われることがある）。

　調査対象となるデジタル機器を不用意に操作することは重要な証拠データの消失につながる可能性や証拠の意図的な改ざんを疑われる可能性があるため、早急にデータ収集を行う必要がある。不用意な操作というのはファイルへのアクセスといった直接的な操作だけではなく、例えばコンピュータなどの起動やシャットダウンといった操作も HDD 内に記録されている情報の書換えにつながるため、不用意に行うことは避けるべきである。

　データ収集とは、具体的には調査対象となるコンピュータの HDD などの記録媒体に記録されている情報（原本データ）を別に準備した証拠用 HDD に複製することである。こうしたデータ収集時における複製のときにはできる限りフォレンジックコピー（物理コピー）を行う。フォレンジックコピーとは、データが格納されている部分だけの複製ではなく、セクターごとに HDD の全領域に対しての複製を実施することである。コンピュータの使用者が確認可能なデータ領域以外に、意図的に不正者がデータを隠蔽している可能性や、過去に消去されたデータ等が存在している可能性があり、証拠となる重要データがそ

■フォレンジックコピーの場合

　OSからアクセス不可能な領域もコピーするため、隠された領域や削除デー
タ領域を含めた、データ格納全領域に対する調査が可能となる。

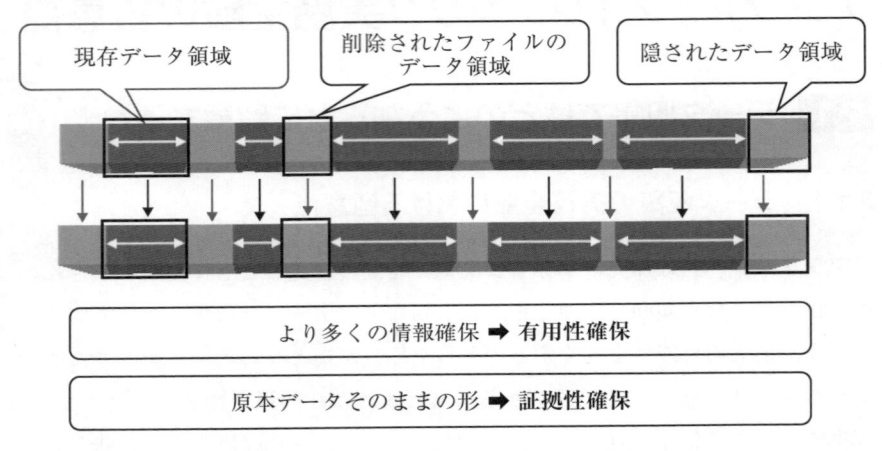

図2.1　フォレンジックコピーの重要性

の部分に隠されている可能性が高いからである（**図 2.1**）。

　また、データ収集時に作成されるフォレンジックコピーの形式としてはイ
メージファイル形式で作成されることが多い。イメージファイルとは、HDD
内の全データ領域を任意で指定したファイルサイズごとのファイル群として収
集するものである。例えば、500GB の HDD のデータを 2GB ごとのイメージ
ファイルとして収集する場合、250 ファイル分のイメージファイルが収集され
る。デジタル・フォレンジックのイメージファイルとしてよく使用されるファ
イル形式としては LinuxDD イメージや EnCase イメージ（E01）が挙げられる。

　イメージファイルが用いられる利点としては、「ファイル群として収集され
ることにより収集した証拠データをサーバーなどへ安全に保管することができ
ること」「ファイルの暗号化を行うことにより証拠データに対するセキュリ
ティを強化できること」「圧縮のオプションを使用することにより収集される
データのサイズを小さくすることで、原本データよりも小さい領域で証拠デー
タを管理できること」等が挙げられる。

データ収集において重要になるポイントは主に原本データと複製データの同一性を確保すること及びその同一性を証明することの2つに絞られる。

原本データと複製データとの同一性を確保するためには、データ収集時に原本データのデータが書き換わらないよう OS を起動させない状態にする必要がある。具体的なコンピュータにおける例を挙げると、HDD をコンピュータから外して複製を行うか、あるいは特殊なデジタル・フォレンジックの専用 OS を用いて起動させ（収集対象のコンピュータの OS は起動させずに）、専用 OS がコンピュータ内部の HDD を検出し、そのコンピュータの USB ケーブルなどを介して外付けの証拠用 HDD に対してデータを収集する。

次に、同一性を証明するためにはハッシュ値を使用する。デジタルフィンガープリント（電子指紋）ともよばれるハッシュ値は、デジタルデータの同一性を確認するために使用される値のことである。

データ収集時に原本データと収集した複製データのハッシュ値を算出し、お互いのハッシュ値が同一であることを記録に残すことにより、原本データと複製データの同一性を証明することができる。また、データ収集後の分析・報告フェーズにおいても証拠となる収集データを一切書き換えることなく分析していることを証明するためにもハッシュ値を用いる（図 2.2）。

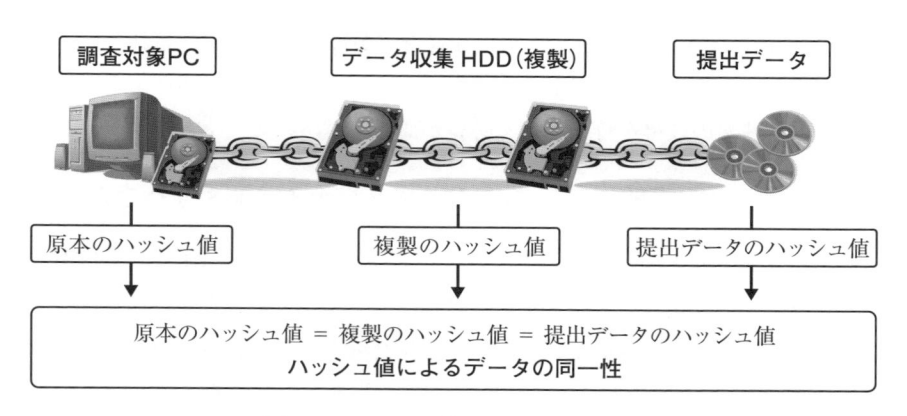

図2.2 ハッシュ値による同一性証明

2.1.2　データ収集前に起動中の証拠端末の電源は落とすべきか

　データ収集時に原本データの内容が書き換わらないよう OS を起動させない状態にする必要があると述べたが、データ収集時に起動中のコンピュータに関しては通常のシャットダウン処理を行わずに、デスクトップパソコンの場合は電源ケーブルを外し、ノートパソコンの場合は内蔵バッテリを取り外すことにより、強制的に電源をオフにして HDD の情報をいったん静的な状態にするべきである。

　しかし、ここ数年のサイバー犯罪やサイバー攻撃で利用される不正プログラムは、HDD 上に痕跡を残さない回避技術を高度化してきているため、起動中のコンピュータの電源を強制的に切る前に必要な情報を収集することが望ましい。起動中パソコンから得られる情報としてプロセス情報や通信情報があるが、これらの情報も起動中でなければ取得できない情報であり、最近のフォレンジック調査ではメモリダンプとして取得したメモリデータから、プロセスや通信状況を解析しマルウェアなどのウイルス感染による挙動の一端を探し出すなど、起動中コンピュータ上の動的情報の解析が必要とされる場面も増えてきており、事案によってはそれら情報の収集も考慮する必要がある。

　なお、取得したメモリ情報に関しては、あくまでもデータ取得時の情報(スナップショット)であるため、必ずしも調査側が得たい情報が含まれているとは限らない点に注意が必要である。場合によっては、現象の再現性を考慮し複数回メモリ情報の取得を行っておく必要がある。

2.1.3　データ収集前に証拠端末のセキュリティは解除すべきか

　セキュリティ向上の一環として、コンピュータやデバイス類に対して BIOS パスワードや暗号化等、さまざまな仕組みのセキュリティ設定が付加されている場合も多く、データ収集という観点から見た場合にはそれらセキュリティ設定自体がデータ収集の障害・弊害となってしまうことがある。いくつかのセキュリティに関して、データ収集に対しどのような影響があるかを解説する。

（1） BIOS パスワード

BIOS とはパソコンに接続された周辺機器を制御するためのソフトウェアであり、OS やアプリケーションに対して周辺機器へのデータの入出力の手段を提供している。通常、BIOS はマザーボードや拡張カード上の ROM に書き込まれている。企業などの組織においては、ユーザーが自分で BIOS の設定を変更できないよう BIOS のパスワードを設定していることが多い。BIOS パスワードは、あくまでも BIOS 設定画面へ入るためのパスワードであるため、HDD をコンピュータから取り外すことが可能であれば、BIOS パスワードを解除せずともデータ収集は可能である。

（2） HDD パスワード

HDD パスワードは HDD 自身に設定するパスワードである。HDD パスワードがわからないと HDD 自体を起動させることができなくなるため、万が一コンピュータを紛失などした場合でも HDD を取り外され記録されている情報を盗み取られないようにすることができる。BIOS パスワードとは異なり、コンピュータから HDD を取り外しても HDD パスワード自体は解除されないため、このセキュリティが付加された HDD のデータ収集を行うにはパスワード解除が必須である。HDD パスワードの設定と解除は BIOS 内で行うことができる。また、HDD パスワードの解除により HDD に記録されている情報に対する改変などの影響はない。

（3） HDD 暗号化

HDD 暗号化は、データをフォルダファイル単位で暗号化するのではなく、OS 領域やシステムファイル領域を含めた HDD 全体を暗号化する。HDD 暗号化も HDD パスワードと同様に HDD から情報を盗み取られないようにするためのセキュリティの 1 つである。HDD 暗号化にはさまざまなアプリケーションがあるため、それぞれのアプリケーションに応じた対応を考える必要があるが、基本的な考え方としては暗号化された HDD はそのまま暗号化された状態

でデータ収集を行う。収集されたデータは暗号化されているのでそのまま分析を進めることはできない。そのため、分析の前に暗号化されている収集データの復号を行う。また、収集されたデータを後から復号することが困難な暗号化アプリケーションの場合は、データ収集時に復号した状態でのデータ収集もあわせて行うことも検討する必要がある。とはいえ、データ収集前に HDD 暗号化を解除するためにアプリケーションをアンインストールしてしまうことは避けるべきである。アンインストールを行うと自動的に暗号化されているファイルが削除され、復号したファイルが再作成されることがあるためである。これらの挙動が起きると削除ファイルの上書きやファイルのもつ時間情報(タイムスタンプ)の変更が起きてしまい、後の調査に影響が出ることが考えられる。

2.1.4　クラウドやファイルサーバーからのデータ収集時の留意点

これまでコンピュータからのデータ収集に関する留意点を述べてきたが、企業などの組織内のデジタル・フォレンジック調査においては、クラウド上のデータや社内のファイルサーバー上のデータも調査対象となることが多い。これらのデータは、データ量の多さやコンピュータのような電源を切ったうえで HDD 全体のデータ収集を行うことは現実的ではないケースが多いため、調査対象となるデータのみを収集するケースが多い。

クラウドサービスに関してはサービスのもっているデータエクスポート機能を使用して対象となるデータを出力することが多い。電子メールのデータを出力する場合、電子メールを 1 通ずつ出力するような対応しかできないとデータ収集に膨大な時間がかかってしまう。調査対象者の電子メールをある特定の期間に送受信された電子メールに限定してまとめて出力できることが望ましい。企業におけるクラウドサービスの選択においては、このような調査が必要になった場合のデータ収集のしやすさなども考慮すべきである。

ファイルサーバーからの収集に関しては、調査と関係する部門やプロジェクトのフォルダを特定し、フォルダレベルでデータ収集を行うことが多い。その際に行うデータ収集で注意すべき点は、原本データと収集されたデータが改変

されず、同一のデータ内容及び時間情報（タイムスタンプ）で収集されるということである。例えば、Windows エクスプローラのコピー＆ペーストで収集してしまうと、データの内容は同一であっても時間情報（タイムスタンプ）が変わってしまうため、デジタル・フォレンジックのデータ収集には適していない。そのため、Windows 標準の Robocopy（Robust File Copy）コマンドによるコピーやフォレンジックソフトウェアを使用した論理イメージファイルでのデータ収集を推奨する。

2.2 データ復元ではどのようなことに留意するか

多くのフォレンジック調査において、収集されたデータに対して最初に行われる実務はデータ復元である。通常コンピュータ上でファイルが削除されると「ごみ箱」に入る。フォレンジック調査において、この「ごみ箱」にファイルが置かれている状況は、単に「ごみ箱」という場所にファイルが移動している状態であり、削除済ファイルとはよばない。データ復元の対象となる削除済ファイルは、「ごみ箱」からも削除され、使用者がコンピュータ上でファイルを確認することができない状態となったファイルを指す。

組織の内部不正者、ハッカー等、外部からの攻撃者を問わず、不正者が不正の痕跡を削除し隠蔽することは想像に難くない。

本節ではデータ復元の仕組みとデータ復元に関しての留意点を解説する。

2.2.1 ファイル保存の仕組み

まず、コンピュータ上にファイルを保存する前に記録媒体のフォーマットを行うが、その際構築されるのがファイルシステムである。ファイルシステムとはファイルを管理する仕組みであり、Windows で使用されている主なファイルシステムには NTFS や FAT といったものがある。

ファイルシステム上において、ファイルはファイルの管理情報とデータ本体とを分けて管理をしている。管理情報にはファイル名、格納先ディレクトリ

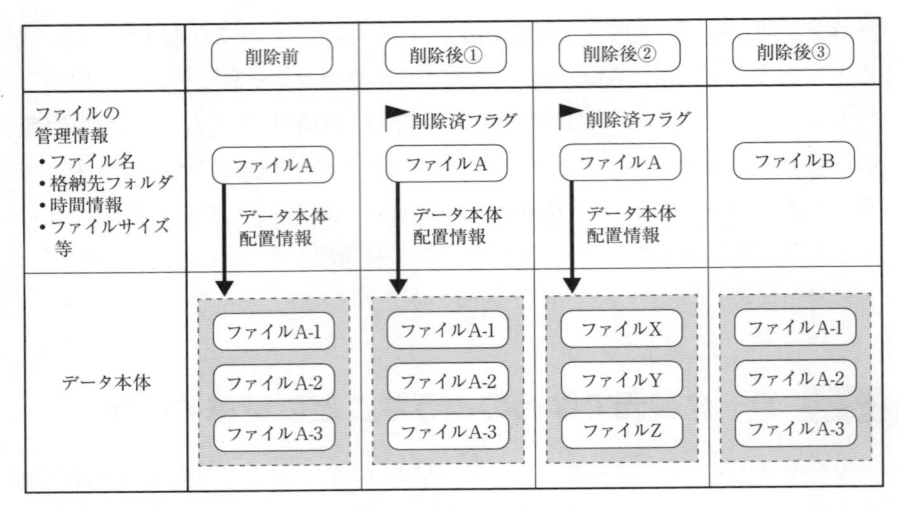

図2.3　ファイルの保存と削除

（ファイルパス）、時間情報（タイムスタンプ）といったメタ情報の他に記録媒体
上のデータ本体のクラスタ配置情報も記録されている。データ本体は、その名
のとおりファイルの本体（内容）部分にあたり、ファイルを開いたときに表示さ
れる内容そのものである。また、データ本体は記録媒体上で必ずしもデータが
連続して保存されているわけではなく、複数個所に断片化していることがある。
このように断片化したデータ本体をクラスタ配置情報から1つのまとまった
データとして再構築しているのが管理情報なのである。

　図2.3の「削除前」はファイルAが存在し、データ本体がA-1〜A-3に断片
化していることを示している。

2.2.2　ファイル削除とデータ復元の仕組み

　ファイルが「ごみ箱」からも削除された状態を考える。ファイルが削除され
ると管理情報に「削除済フラグ」、すなわち該当するファイルが削除されたこ
とを示す情報が付与される。次に、削除されたファイルの管理情報が記録され
ていた領域やデータ本体領域は新たに作成されるファイルによって再利用が可

能な状態となる。ファイルが削除された際に起きる変化はこれだけである。

図 2.3 の「削除後①」はファイル A が削除された直後の状況である。ファイル A の管理情報もデータ本体も削除前と同じように残っている。

データ復元の基本は管理情報に記録されている「削除済フラグ」をデジタル・フォレンジックのソフトウェアがサーチし、残された管理情報を元にデータの復元を行うというものである。図 2.3 の「削除後①」の場合、ファイル A で「削除済フラグ」が検知でき、ファイル A のデータ本体も残っているため、完全に削除前と同じ状態に復元できる。

フォレンジック調査のデータ復元においては、いつもこのような完全に復元ができる場合だけでないことを理解しておく必要がある。次に起こり得る状態としては「削除済フラグ」を検知できても、既にデータ本体部分が新たに作成された別のファイルのデータ本体部分に再利用されてしまっているケースである。図 2.3 の「削除後②」がそのケースにあたり、ファイル A の「削除済フラグ」を検知できたが、既にファイル A のデータ本体部分が別の X、Y、Z というファイルのデータ本体として使用されている。この場合、ファイル A のファイル名や時間情報（タイムスタンプ）は復元できるが、データ本体部分は他のファイルのデータ本体によって上書きされてしまっているため、復元できない状況となる。

一般的なデータリカバリの考え方だとデータ本体が復元できないと意味をなさないと思われがちであるが、フォレンジック調査の場合はこのファイル名や時間情報（タイムスタンプ）だけ復元できても重要な証拠となる場合もある。

2.2.3　データカービングの仕組み

データ復元の基本は管理情報に記録されている「削除済フラグ」から削除ファイルを検知することであるが、もう 1 つ起こり得る状態として、データ本体は他のファイルのデータ本体によって上書きされていないにもかかわらず、先に管理情報が別の新たなファイルによって上書きされてしまうケースである。図 2.3 の「削除後③」がそのケースにあたり、ファイル A の管理情報がファ

イルBによって上書きされてしまっており、それによりファイルAのデータ本体のクラスタ配置情報も上書きされてしまっている。ただし、ファイルAのデータ本体はそのまま記録された状態である。この場合、「削除済フラグ」をサーチする方法ではファイルAのデータ本体を復元することはできない。

このようなケースでファイルAのデータ本体を復元する方法がデータカービングとよばれる方法である。ファイルのデータ本体にはデータの種類を識別するためのヘッダやフッタといたシグネチャ情報が記録されている。

ファイルシグネチャの一例を表2.1に示す。例えば、JPEGの画像データには本体データの先頭（ヘッダ）部分にFF D8 FF E1（16進数表記4バイト）というシグネチャ情報が記録されている。記録媒体上のすべての領域からFF D8 FF E1という4バイト情報を見つけることができれば、JPEG画像の先頭部分である可能性が極めて高く、そこから強制的に画像データとして切り出し復元する方法がデータカービングである。

表2.1　ファイルシグネチャ情報（例）

種類	拡張子	シグネチャ（HEX）	ASCII
実行形式	EXE	4D 5A	MZ
JPEG画像	JPG	FF D8 FF E1 xx xx 45 78 69 66 00 等	ÿøÿâ..Exif..
PDF	PDF	25 50 44 46	%PDF
MS Office 97-2003	DOC、PPT、XLS 等	D0 CF 11 E0 A1 B1 1A E1	ﾐﾏ.燦ｱ..
MS Office Open XML Format	DOCX、PPTX、XLSX	50 4B 03 04 14 00 06 00	PK......
アーカイブ	ZIP	50 4B 03 04	PK..
ショートカット	LNK	4C 00 00 00 01 14 02 00	L.......

　データカービングは、ファイルの管理情報を頼らずデータ本体を直接サーチし復元する方法であるため、次のような特徴がある。

　ファイルの管理情報がないため、データカービングによって復元されたファイルの削除前についていたファイル名は不明のままである。例えば、JPEG 画像の例でいうと、もともと「懇親会.jpg」というファイル名だったとしても管理情報がないため、「00001.jpg」のようなフォレンジックソフトウェアが自動的に付与したファイル名で復元される。

　ファイルの管理情報がないため断片化しているデータ本体を 1 つの完全な状態のデータに再構築することはできない。よって、ファイルシグネチャにより先頭部分がわかっても、途中で断片化されている場合は途中までの不完全なデータとして復元される。不完全な状態のため、データベース系のファイルは正常に開くことができないケースもあるが、画像データなどは不完全な状態でも部分的な画像データを確認できるため、画像系データが重要な証拠となるケースではデータカービングは重要な復元手法となる。

2.2.4　コンピュータ上の動作によるデータ復元への影響

　これまでファイルを削除した後の状況とそれらの状況に応じた復元の手法について解説してきた。ここからは「証拠隠蔽にも使われるいくつかのコンピュータ上の動作についてどの手法でどこまで復元対応可能か」を考える。

(1)　論理フォーマット（クイックフォーマット、標準フォーマット）

　論理フォーマットとは、ユーザーがマイコンピュータなどで任意で実施することのできるいわゆる通常のフォーマットである。ファイルが格納されている記録媒体をフォーマットするとファイルの管理情報がすべて初期化される。これによりファイルが見た目上すべてなくなった状況となる。管理情報に記録されている「削除済フラグ」を探しても初期化されているので一切見つからない。しかし、データ本体部はフォーマットしてもそのままの状態であるため、データカービングによりデータ復元できる可能性は残る。ちなみに、クイック

フォーマットも標準フォーマットも、管理情報を初期化しているだけというのは同じである。

　標準フォーマットは、管理情報の初期化に加えて不良クラスタ領域のチェックを行っているため、クイックフォーマットより時間がかかる。

(2) 完全消去(上書き消去)アプリケーション

　通常のデータ削除だと復元ができてしまうということはある程度一般的に知られてきており、データを復元できない形でファイルを削除するアプリケーションも多く存在している。それらのアプリケーションは、多少機能の違いはあるがデータを削除したタイミングでデータ本体部分を乱数で上書きするなどしてデータ本体部分を復元できないようにしてしまう。これは、先述の新しいファイルによってデータ本体部分が上書きされた状況と同じであり、復元は困難である。

(3) デフラグメンテーション(デフラグ)

　ファイルシステム上、データ本体部は断片化(フラグメンテーション)して保存されているが、この断片化した状況がコンピュータのアクセス速度の低下の原因となるため、断片化を解消させる機能がデフラグである。デフラグを行うと、断片化したファイルのデータ本体部が断片化のない連続したデータとして使用可能な領域に再保存されていくこととなる。すると、削除ファイルのデータ領域をデフラグにより上書きしていくこととなり、本来できたはずのデータ復元が困難な状況となる。このようにフォレンジック調査する側としては非常にやっかいなデフラグであるが、さらに最近の Windows OS では、初期設定で定期的にデフラグが自動実行されるようになっている。以前にも増して時間が経てば経つほど復元が困難な状況となっていく。これはデフラグだけの理由ではないが、フォレンジック調査が必要になった場合、ますます早急なデータ収集が要求されるといえる。

2.2.5　磁気ディスク(HDD)から半導体メモリ(SSD)への影響

　近年 HDD に代表される磁気ディスク(データ記録に磁性体を塗布した円盤ディスクを回転させて行う記録媒体)から半導体メモリをディスクドライブのように扱える SSD(Solid State Drive)の普及が進んでいる。磁気ディスクは特性上古いデータを新しいデータに上書きできるため、これまで述べてきたように削除されたファイルの本体データは上書きされるまで記録媒体上に残存している。しかし、半導体メモリの場合、このデータの上書きができないため、データを書き込む前に書込み先の内容を消去する必要がある。データを書き込むタイミングでこの消去作業を行うと書込み時に時間がかかることから、ファイルが削除されたタイミングで先立って内容の消去を行う機能が Trim 機能である。OS と SSD のコントローラがこの Trim 機能をもっている場合、OS がファイル削除時に SSD のコントローラに対象ファイルが占めていたブロックを通知し、コントローラがそのブロックをページ単位に集約して消去する。Trim 機能が使われると削除されたファイルのデータ本体がすぐに消去されていくため、復元は極めて困難となる。

2.3　データ分析ではどのようなことに留意するか

2.3.1　データ分析調査の目的は何か

　データ分析は調査目的に応じてさまざまなアプローチが用いられるが、大きく分けると 2 つの調査アプローチに分けられる。

　1 つ目が収集されたデジタル端末内のデータにおいて「いつ何が起きたか」を調査する「タイムライン分析」であり、2 つ目が調査内容に関係するオフィスファイルや電子メール、画像ファイル等のアプリケーションファイルを探し出す「内容分析」である。

　フォレンジック調査の目的にはさまざまなものがあるが、大なり小なりこの

2つの分析項目の組合せで実施する。

　「タイムライン分析」が中心となる調査事案としては、コンピュータ内で何が起きたのかを明らかにする「情報漏えい調査」「マルウェア感染調査」「端末使用者の行動調査」等があり、「内容分析」が中心となる調査事案としては、膨大なオフィスファイルや電子メールを精査しなければならない「文書改ざん調査」「第三者委員会における文書調査」「米国民事訴訟における e ディスカバリ対応」等が挙げられる。本節では「タイムライン分析」と「内容分析」において行われる分析の代表例と留意点について解説する。

2.3.2　「タイムライン分析」のアプローチ

　コンピュータ内にはさまざまな領域に「日時情報」と「イベント」が結びついた履歴情報が残されている。Windows コンピュータに記録される履歴情報の一例を表 2.2 に示す。このような履歴情報を時系列にまとめて調査する手法をタイムライン分析とよぶ。

　例えば、情報漏えいの疑いで退職者のパソコンを調査した際、社内の機密情報が格納されているサーバーへのアクセス、パソコンへのファイルコピー、インターネット上のストレージサービスへのアクセスが時系列で並んでいる場合、機密情報をストレージサービスに保存することで情報を持ち出した行動の可能性が浮かんでくる。そこからさらに、裏づけとなる情報を調査する必要はあるが、点であるイベントがつながり線となることで、コンピュータ上で起きた事実が浮かび上がってくる。また、タイムライン分析をさらに有効に活用するためには、これらコンピュータから得られる情報だけではなく、ファイルサーバーやネットワーク系サーバー（Proxy、DHCP、DNS 等）に残るログ、調査対象者の行動がわかるログ（社内の入退室管理ログなど）もあわせて時系列に落とし込むことにより、より詳細な状況を調査することができる。また、タイムラインには膨大な情報が集まるため、すべての情報を手動で分析するのには限界があるので、判明している情報をもとに分析対象とする期間を絞り込み、その期間に何が行われたのか精査していく必要がある。

表 2.2　Windows コンピュータに記録される履歴情報

分析項目	概要
タイムスタンプ	ファイルの「作成日時」「最終更新日時」「最終アクセス日時」。異なるドライブボリュームからデータをコピーしてきた場合、コピー先のドライブのファイルの「作成日時」が当該ファイルがコピーされた日時と考えられる。タイムライン分析の基本である。
レジストリファイル	Windows のシステム設定情報のデータベースであり、OS の基本情報や外部接続機器等のハードウェア情報、インストールされているアプリケーション情報、ユーザーアカウントごとの設定やパスワード情報等、さまざまな情報が記録されている。レジストリキーの更新日時を調査することにより設定が変更された日時を調査する。
ショートカットファイル	アプリケーションのインストール時やファイルを起動した際に Recent(最近使用したファイル)にショートカットファイルが作成される。ファイルの使用履歴を調査するときに重要となる。
電子メール	「受信日時」「送信日時」が重要となる。
Web ブラウザの管理データ	Internet Explorer の index.dat ファイルや Safari の history.plist ファイル等、管理データを解析して Web の閲覧履歴を調査する。
イベントログ	「システムログ」「セキュリティログ」「アプリケーションログ」が存在し、Windows のログオン・ログオフやサービスの起動等、さまざまな履歴を調査する。
セットアップログ	デバイスをパソコンに接続するとドライバなどがインストールされログに記録が残る。デバイスの接続日時を調査する。
プリフェッチファイル	アプリケーションの起動を高速化するために作成される。アプリケーションの実行日時を調査する。

　タイムライン分析を行ううえでの留意点は 2 つある。

　1 つ目は、時間情報が記録されるルールが、Windows やその他アプリケーションのバージョンアップ等により変わることが挙げられる。例えば、タイム

スタンプの「最終アクセス日時」は Windows XP ではファイルを開けば「最終アクセス日時」の時間情報は変更したが、Windows VISTA 以降は既定の設定で「最終アクセス日時」の更新が設定上無効化されている。

　その他にもある行動によりレジストリキーが更新されていたものが、Windows バージョンが上がったタイミングで更新されなくなるなど常にバージョンアップ後の挙動がどのように変わっているか検証する必要がある。

　2つ目は、タイムライン上の時間情報を分析していくなかで見えてくる挙動が、「人間が操作したなかで起こる事象なのか、コンピュータプログラムにより引き起こされた事象なのか」を見極める必要がある。例えば、数分おきにファイルにアクセスしているのであれば、そのタイミングでログオンしている人（ユーザー）が操作している可能性が高いと考えられるが、数秒の間に数万というファイルにアクセスしている場合は人（ユーザー）が1つずつアクセスしているとは考えられず、何らかのコンピュータプログラムの実行結果を疑う必要がある。不正なプログラム（マルウェア）の感染調査の場合、特にこの観点の注意が必要である。

2.3.3　「内容分析」のアプローチ

　オフィスファイルや電子メールをはじめとするドキュメント内の内容を分析するアプローチとして代表的なものにキーワード検索が挙げられる。代表的なキーワード検索手法を**表 2.3**に示す。

　キーワード検索の留意点は、実は検索を行う前段階のデータ処理にある。検索を正しく行う前提条件として、まず正しいテキスト情報が識別されている必要がある。日本語の文字コードは Unicode、Shift-JIS、JIS、EUC-JP 等複数存在しているため、それらを正しく認識してテキスト化しなければならない。

　また、調査対象のコンピュータ内にはさまざまなアプリケーションで記録されたファイルが存在する。例えば、電子メールのデータを考えた場合、Outlook の電子メールデータは PST ファイルとして保存されているが、この1つのファイルのなかに数10万通という電子メールが存在する。そのなかの1通の

表2.3　代表的なキーワード検索手法

キーワード検索手法	概要
ブーリアン検索	キーワード同士を、"AND""OR""NOT"の結合演算子で結合し、演算子による検索条件を適用した検索方法である。キーワード検索の中心となる手法であり、単一のキーワード同士のシンプルな検索ではなく、カッコを使いグループ化した検索条件が用いられることが多い。 例：（"東京"OR"Tokyo"）AND（"会議"OR"meeting"）
正規表現検索	文字列の集合体を特定のパターンで表す表現方法を正規表現といい、特定パターンで記述されている文字列をメタ文字（キャラクタ）による正規表現を用いて検索する方法を、正規表現検索という。 例：クレジットカード番号、マイナンバー、電子メールアドレス、IPアドレス等、特定のパターンで記述できる文字列を網羅的に探し出すときに使用される。
近傍検索	検索対象文書内において複数のキーワードの出現間隔（距離）を、検索条件に適用した検索方法である。 英語ドキュメントであれば単語間はスペースで区切られているため、キーワード間に登場する単語数を出現間隔として検索可能であるが、日本語ドキュメントでは単語間にスペースがないため文字数を出現間隔の検索条件とすることもある。 例："東京"W/10"会議"（"東京"と"会議"のキーワードが10文字以内に出現するものを検出）

　電子メールの添付ファイルにまた別の電子メールファイルが添付されていて、その添付電子メールに添付されているファイルが重要な証拠となる情報の可能性もある。

　このように複雑に構造化されている添付ファイルも正確に1つの文書として識別しないといけない。

　日本語のキーワード検索はこの「データ前処理」と「キーワード検索手法」が組み合わさって初めて求める情報を探し出すことができるのである。

　デジタル・フォレンジック研究会では、フォレンジックソフトウェアがこの複雑な日本語処理をどのレベルまで対応できるか客観的な評価を行うため独自の有効な指標を作成し「日本語処理解析性能評価」を実施している。すでに複数のソフトウェアに対して評価を実施し、評価結果を公表している。

2.3.4　人工知能の活用

　企業などの組織に保管される電子データは年々増えており、いわゆるビックデータを分析する必要がある。第三者委員会の調査など限られた期間に膨大なドキュメントを調査しなければならない場合、母集団がビックデータ化しているため、キーワード検索で調査対象ドキュメントの絞り込みを行っても大量のドキュメントがヒットしてしまうことがある。例えば、100 万ドキュメントの母集団に対してキーワード検索を行い、その 10％にあたる 10 万ドキュメントがヒットしたと仮定する。調査期間に精査できるドキュメント量が 2 万ドキュメントであった場合、「どのようにして 8 万ドキュメントを除外するか」に苦慮することになる。なぜなら、本来は 10 万ドキュメントを精査すべきであり、除外した 8 万ドキュメントに重要な証拠が残っていることも十分考えられるからである。このようなケースにおいて人工知能を活用して調査を進める事例が出てきている。以下、その手順を解説する。

　また、**図 2.4** に人工知能の学習から運用までのプロセスを示す。

　　① 　10 万ドキュメントのなかから優先度の高いキーワードや対象者のドキュメントを選別し、優先度の高い 2 万ドキュメントに絞り込む。

　　② 　人間が絞り込んだ 2 万ドキュメントの内容を精査し、「調査事案に関連のある重要なドキュメント」と「関連のないドキュメント」に分類分けする。

　　③ 　人工知能にこの分類分けされた 2 万ドキュメントを教師データとして学習させ、重要なドキュメントを判断するためのモデルを構築する。

　　④ 　人工知能にまだ人間が精査できていない残りの 98 万ドキュメントを入力し、人工知能が「重要なドキュメントに近い」と判断したドキュメ

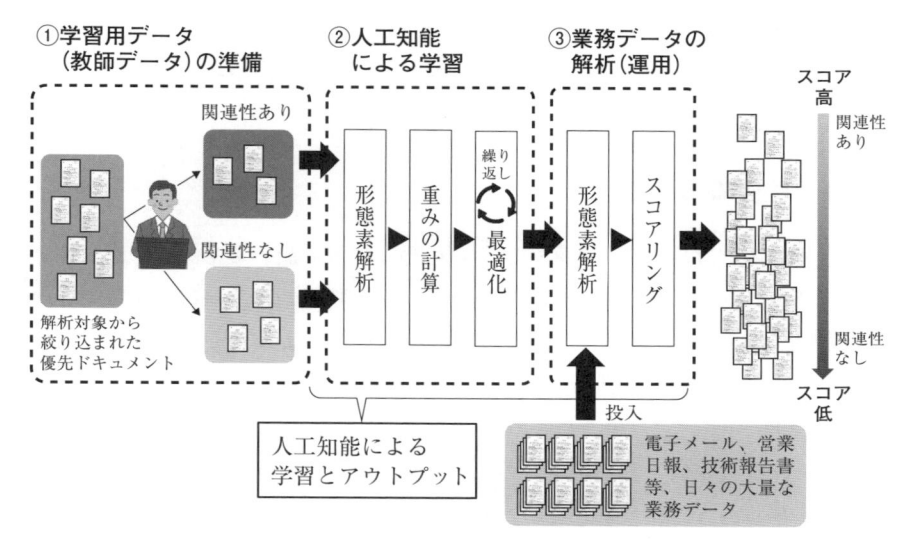

図2.4 人工知能の学習から運用までのプロセス

　ントほど高いスコアが付与されるようにする。

　⑤　最後に、人工知能により高いスコアが付与されたドキュメントを人間
　　が精査し、調査を完了させる。

　このように人工知能を活用した調査を行うことで、限られた期間のなかで調
査を完了させることができる。加えて、従来調査ではキーワード検索によって
ヒットせず調査対象から除外されていた90万ドキュメントに対しても調査を
行うことができ、より高い網羅性を担保した調査を完了することができる。

2.4 報告書作成ではどのようなことに留意するか

　報告書へ記載する内容は、「事実のみを簡潔に記載する」という考え方が一
般的であるが、デジタル・フォレンジック作業における報告書においても、こ
の考え方のもとに作成されることに変わりはない。

　調査事案によっては、電子メールによる日次報告のみで調査経緯や経過報告

が行われるものもあり、すべての調査事案において報告書の作成を求められるものではないが、報告書作成時の留意点としては、以下に示すように、「要件」と「記載項目」の2つの観点から考えるとよい。

2.4.1　報告書の要件

報告書の内容は、「公平」「客観的」「真正」「理解可能」であることが要件として求められるが、デジタル・フォレンジックの特徴から、報告書記載内容の「再現性」についても考慮されたものであることが望まれ、これら要件を簡単に表すと以下のとおりである。

- 公平

  調査依頼側と調査対象者の、どちらか一方に有利又は不利となるような観点のみの報告としないこと。

- 客観的

  第三者的な観点からの報告内容であること。

- 真正

  報告書そのものが報告書作成者により作成され、報告者の報告内容が正確に記載されていること。

- 理解可能

  報告を受ける側が、報告書記載内容を容易に理解可能なものであること。

- 再現性

  調査とは無関係の第三者機関や調査ベンダーによって、記載されている内容が再現可能であること（ただし、動的情報の調査結果など、一部の調査結果については再現が不可能な場合もある）。

上記要件においても、特に留意すべきものが「理解可能」という点である。

デジタル・フォレンジックは専門性と特殊性が高く、報告書の内容もその特徴に相応した内容なりやすい。しかし、報告を受ける側である調査依頼側の事案担当者の多くは、デジタル・フォレンジックや情報セキュリティ、ITリテ

ラシーに関する知識に長けていることは少なく、企業の IT 担当者であっても報告書内容の理解が容易ではないことも多い。

　さらに考慮しなければならない点として、調査依頼側の事案担当者は、調査側が提出した調査結果を組織上層部へ報告する任を負っているケースがあるということである。

　一般的な考え方として、調査依頼側組織の上層部は事案担当者よりも専門的な知識を有していることは少ないため、報告書作成時には、調査依頼側での報告書の最終的な提示（提出）先を考慮することが求められる場合もある。

　また、デジタル・フォレンジック調査結果をまとめた報告書としての使用用途を考えた場合、調査事案によっては刑事や民事の訴訟の場に用いられる可能性もあるが、裁判官や裁判員、検察官、弁護士に関しても専門的な知識を有していることが少ないことは、簡単に想像できる。

　そのため、報告書の記載にあたっては、専門用語や業界用語の使用は極力避け、報告内容を容易に理解可能な端的かつ客観的な文章表現とすることを心掛けるべきである。

　なお、調査事案によっては、調査依頼側から調査結果の表現方法に関して、「このような言い方や書き方はできないか」と打診される場合があるが、原則、調査側の推測事項は報告書へ記載してはならない。

2.4.2　報告書の記載事項

　2.4.1 項で記した要件をもとに作成される報告書であるが、調査事案ごとに報告書に記載される内容は異なり、詳細な記載が求められる調査事案や、特定項目のみの記載が求められる調査事案もある。

　そのため、報告書への記載項目を画一的なものとして示すことは困難であるが、報告書に記載すべき、もしくは記載を検討すべき項目には、以下のものが挙げられる。

- 事案（案件）名
  - 調査側組織内における事案（案件）名や管理番号等

- 調査依頼主情報
- 調査対象者情報
  - ―氏名、所属、勤続年数、業務内容等
- 事案(案件)概要
  - ―調査事案となった事象とその背景
  - ―事象発覚、又は検知されたきっかけ
  - ―調査対象者、調査対象物品の選定理由
  - ―調査依頼をするに至った理由
- 調査依頼内容
- 調査対象物品情報
  - ―個数、媒体種別、製品番号等の物品個体識別情報など
- 調査結果
- 調査結果に係る情報
  - ―データ収集実施概要：作業日時、実施場所、使用機器、複製ハードディスク情報等
  - ―調査依頼内容に対する調査項目と項目選定理由
  - ―調査項目に対する調査手法と実施内容
- 調査実施概要
  - ―調査担当者、調査期間、実施場所、使用機器等

　　ただし、調査担当者に関しては身辺上の安全を考慮し、個人名表記を伏せる場合もある。

　すべての報告書において、上記項目すべての記載が求められるものではないが、項目の記載順は一考すべきである。

　例えば、報告書作成側はときとして文章としての体裁にこだわるあまり、「起承転結」の序列で報告書を書き続ける傾向がある。しかし、報告を受ける(読む)側が「報告内容のうち調査結果を一番知りたい」と考えるのは明白である。

　実際の調査事案では、報告書をもとにした報告会の実施を求められることが

多く、報告会の場において調査結果を口頭で述べることもある。

　しかし、報告会不参加者への調査報告は報告書に託される部分も多いが、記載項目数や記載内容の粒度によっては、完成した報告書が数十頁や数百頁にも及ぶ場合もあり、最終頁まで読み進めなければ調査結果がわからないという状況になりかねない。

　そのような場合、報告書先頭部分に「調査結果概要」という形で、端的に調査結果を書き記し、調査結果に至った経緯詳細は別項にて記載するなどし、報告を受ける(読む)側の理解を助ける工夫も必要である。また、調査結果の記載方法についても留意すべき点がある。

　昨今の調査では、OS やファイルシステムによるデータ管理の仕組みや、企業におけるセキュリティ運用等が要因となり、コンピュータ上に情報が残り難くなってきており、調査項目に対する調査結果として、明確な情報や痕跡を発見できないことも多い。

　そのような場合、単に「見つからなかった」や「判明しなかった」とするのではなく、「当該調査項目に重要となる情報が残らない設定になっていたため、当該調査項目の判明には至らなかった」など、調査の有用性を補完(補填)するために、調査項目に関連するその他の複数の要素を網羅的に捉えた結果として記載することも考慮すべきである。加えて、報告書作成にあたっては、記載内容の補足や視覚的理解度を得やすくするための工夫も重要である。

　例えば、報告書のなかには、解析結果の一覧をリスト表示形式として図 2.5のように記載することがある。

　しかし、行数や列数が膨大なものとなってしまう場合、報告書内にそのすべてを表組みで記載することは、報告書の頁数が増えるだけであるため避けるべきである。また、体裁を整えるために、表組みをあえて図表として行内に貼り付けたため、文字が小さくなりすぎ判読が困難となってしまうような記載方法も避けるべきである。このような考え方は、画像ファイルの報告書内挿入や、メールデータの記載においても同様である。例えば、画像ファイルの場合、画像解像度を下げたために粗い描画となったり、オリジナルファイルサイズから

ファイル名	作成日時	最終更新日時	最終アクセス日時	ファイル保存先(フルパス)
ACRORD32.EXE-0D099F9D.pf	2017/6/6 17:03:22	2017/6/6 17:03:22	2017/6/6 17:03:22	C:\Windows\Prefetch\ACRORD32.EXE-0D099F9D.pf
ADOBEARM.EXE-095AF2F1.pf	2017/6/6 17:21:16	2017/6/6 17:21:16	2017/6/6 17:21:16	C:\Windows\Prefetch\ADOBEARM.EXE-095AF2F1.pf
APPCMD.EXE-15A34D8B.pf	2017/6/6 17:22:00	2017/6/6 17:22:00	2017/6/6 17:22:00	C:\Windows\Prefetch\APPCMD.EXE-15A34D8B.pf
AUDIODG.EXE-856E5CA0.pf	2017/6/7 9:24:55	2017/6/7 9:24:55	2017/6/7 9:24:55	C:\Windows\Prefetch\AUDIODG.EXE-856E5CA0.pf
AUTORUNSETUP.EXE-7B86C7AB.pf	2017/6/7 10:14:14	2017/6/7 10:14:14	2017/6/7 10:14:14	C:\Windows\Prefetch\AUTORUNSETUP.EXE-7B86C7AB.pf
CMD.EXE-8E75B5BB.pf	2017/6/7 10:15:06	2017/6/7 10:15:06	2017/6/7 10:15:06	C:\Windows\Prefetch\CMD.EXE-8E75B5BB.pf
DAEMONU.EXE-672F34EB.pf	2017/6/7 11:27:18	2017/6/7 11:27:18	2017/6/7 11:27:18	C:\Windows\Prefetch\DAEMONU.EXE-672F34EB.pf
DEFRAG.EXE-07BC86FC.pf	2017/6/7 12:01:19	2017/6/7 12:01:19	2017/6/7 12:01:19	C:\Windows\Prefetch\DEFRAG.EXE-07BC86FC.pf
EXCEL.EXE-C396E1DA.pf	2017/6/7 14:16:47	2017/6/7 14:16:47	2017/6/7 14:16:47	C:\Windows\Prefetch\EXCEL.EXE-C396E1DA.pf
EXPLORER.EXE-319FC3CE.pf	2017/6/14 9:39:03	2017/6/14 9:39:03	2017/6/14 9:39:03	C:\Windows\Prefetch\EXPLORER.EXE-319FC3CE.pf
GOOGLEUPDATE.EXE-B7AD469C.pf	2017/6/14 9:44:20	2017/6/14 9:44:20	2017/6/14 9:44:20	C:\Windows\Prefetch\GOOGLEUPDATE.EXE-B7AD469C.pf
IEXPLORE.EXE-49C2C2BA.pf	2017/6/14 9:47:41	2017/6/14 9:47:41	2017/6/14 9:47:41	C:\Windows\Prefetch\IEXPLORE.EXE-49C2C2BA.pf
JAVA.EXE-8EA728F0.pf	2017/6/14 10:10:04	2017/6/14 10:10:04	2017/6/14 10:10:04	C:\Windows\Prefetch\JAVA.EXE-8EA728F0.pf
NTOSBOOT-B00DFAAD.pf	2017/6/14 10:45:22	2017/6/14 10:45:22	2017/6/14 10:45:22	C:\Windows\Prefetch\NTOSBOOT-B00DFAAD.pf
SETUP.EXE-0D846709.pf	2017/6/14 10:55:32	2017/6/14 10:55:32	2017/6/14 10:55:32	C:\Windows\Prefetch\SETUP.EXE-0D846709.pf
SVCHOST.EXE-0224891E.pf	2017/6/14 11:31:17	2017/6/14 11:31:17	2017/6/14 11:31:17	C:\Windows\Prefetch\SVCHOST.EXE-0224891E.pf
TASKHOST.EXE-FE6FBB7C.pf	2017/6/14 13:10:37	2017/6/14 13:10:37	2017/6/14 13:10:37	C:\Windows\Prefetch\TASKHOST.EXE-FE6FBB7C.pf
WMPLAYER.EXE-75A07DA5.pf	2017/6/14 13:14:33	2017/6/14 13:14:33	2017/6/14 13:14:33	C:\Windows\Prefetch\WMPLAYER.EXE-75A07DA5.pf

図2.5　報告書へのリスト記載(例)

縮尺し報告書内に貼り付けた結果、縮尺が小さすぎて目視での判別が困難になるような状態は避けるべきである。

　また、メールデータの場合、全文表示される報告書に対してA4用紙半分程度の現実的な大きさでの挿入が可能であれば問題ない。しかし、調査結果として重要な記述が電子メール本文の一部であり、全文表示が数頁にも及んでしまうような場合、重要な記述部分のキャプチャ画像のみの挿入とし、報告書内での全文表示を避けることも検討すべきである。

　このように、報告書内への記載により報告書の頁数が増大したり、目視で判別することが困難な内容となることが想定される場合、報告書本体とは別に、添付資料として提出することも検討すべきである。このとき、リスト形式にすれば、報告書記載内容と比較しながらの閲覧、内容確認が可能である添付資料となるため、非常に有効な提示方法といえる。

　なお、報告書がA4用紙サイズであったとしても、添付資料の用紙サイズにおいては見えやすさや判読しやすさを優先すべきであり、調査依頼側の了承が得られれば、A3サイズを折り込む形での提出を検討、打診すべきである。

2.5 コンピュータ・フォレンジックではどのようなことに留意するか

2.5.1 ボリューム全体の暗号化はどうするか

対象コンピュータのハードドライブ内のデータを証拠保全もしくは収集しようとしたところ、図 2.6 のような状態になり、フォルダ構造の展開やファイルの内容を見ることができなかった。これはどういう状態なのか。

図 2.6 の状態は、ハードドライブのボリューム(C ドライブなど)の全体が暗号化されたことを示す。暗号化された状態で証拠保全・データ収集してもファイルの内容を解析することができないため、暗号化の解除(復号)作業を実施しなければならない。

```
□┈🗐 BitLocker.E01
   □┈▦ Partition 1 [1910MB]
      └┈🔓 Unrecognized file system [HPFS/NTFS]
   ⊞┈🔓 Unpartitioned Space [basic disk]
```

図 2.6 ボリューム全体の暗号化(FTK Imager)

2.5.2 暗号化の解除(復号)作業は、どのように実施しなければならないか

一般的にボリューム全体の暗号化は、コンピュータの電源を投入し OS が起動、もしくはログオンしたときに解除される。そのため、暗号化の解除(復号)作業は、対象コンピュータの電源を投入し OS を起動する必要がある。

2.5.3 暗号化されたボリュームをもつコンピュータを起動したときに留意すべきことは何か

FTK や EnCase 等の一部のフォレンジックソフトウェアでは、ボリューム

全体が暗号化されたままの証拠データを読み込ませると、証拠データ内の暗号化システム（ソフトウェア）を自動判別し、フォレンジックソフトウェア内で証拠性を維持したまま解除作業を実施することができる。

　ただし、BitLocker や FileVault2 等、OS に標準搭載されているシステム（ソフトウェア）や、SafeBoot や PGP 等、世界的に使用されているソフトウェアが対象で、すべてのシステム（ソフトウェア）に対応しているわけではない。フォレンジックソフトウェアに対応していない暗号化システム（ソフトウェア）が使用されている場合は、対象コンピュータの電源の投入と OS の起動が必須となる。この場合、暗号化のままデュプリケータでディスク全領域をコピーし、原本のハードドライブと差し替えてコンピュータの電源を投入するという処理を実施すると、起動によるデータの書換えはコピーされたハードドライブに対して行われるため、原本の証拠性を維持することができる。

　コンピュータ・フォレンジック調査者は、現在使用しているフォレンジックソフトウェアが、ボリューム全体暗号化の解除機能を有しているかどうか、また、有している場合、その種類とバージョンを常に把握しておくべきである。

2.5.4　対象となるコンピュータのボリューム暗号化設定を確認する方法はあるのか

　原則、証拠保全もしくはデータ収集作業の前に、調査対象となるコンピュータの使用者・管理者にボリューム全体暗号化システム（ソフトウェア）の使用の有無と種類をヒアリングなどで入手する。企業内の情報資産管理台帳などに調査対象コンピュータに使用されているボリューム全体暗号化システム（ソフトウェア）の情報が明記されている場合、その情報を入手することも効果的である。

　これらの手法で暗号化システム（ソフトウェア）の情報を入手することができない場合の判別方法として、暗号化されたボリュームの最初のセクタに記述されている「ボリューム全体暗号化の特徴データ」を確認する方法がある。ボリューム全体暗号化は、文字とおり該当するボリュームの全領域を暗号化するが、ボリュームの最初のセクタに使用されたシステム（ソフトウェア）を示す

「特徴データ」ともいえるデータが記述されている。以下の**図 2.7** 及び**図 2.8** で、その例を示す。

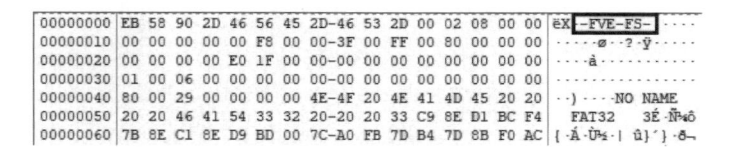

```
00000000  EB 58 90 2D 46 56 45 2D-46 53 2D 00 02 08 00 00   ëX -FVE-FS-
00000010  00 00 00 00 00 F8 00 00-3F 00 FF 00 80 00 00 00   ·····ø··?·ÿ·
00000020  00 00 00 00 E0 1F 00 00-00 00 00 00 00 00 00 00   ····à
00000030  01 00 06 00 00 00 00 00-00 00 00 00 00 00 00 00
00000040  80 00 29 00 00 00 00 00-4E-4F 20 4E 41 4D 45 20 20   ··)····NO NAME
00000050  20 20 46 41 54 33 32 20-20 20 20 33 C9 8E D1 BC F4    FAT32   3É·Ñ¼ô
00000060  7B 8E C1 8E D9 BD 00 7C-A0 FB 7D B4 7D 8B F0 AC   {·Á·Ù½·| û}´}·ð·
```

図 2.7　BitLocker の特徴データ

```
0000000:  65 6E 63 72 63 64 73 61 00 00 00 02 00 00 00    encrcdsa ······
000000F:  10 00 00 00 05 80 00 00 01 00 00 00 80 00 00    ·········
000001E:  00 5B 00 00 00 A0 03 14 4D 7F F0 0D 4C B3 B5    .[.. .M.ð.L³µ
000002D:  CE 9B 09 D2 E5 A9 BA 00 00 02 00 00 00 00 00    Î··Òå©º°
000003C:  05 F6 32 00 00 00 00 00 01 DE 00 00 00 00 00    .ö2......Þ·
000004B:  01 00 00 00 01 00 00 00 00 00 00 00 60 00 00    ·······
```

図 2.8　FileVault2 の特徴データ

図 2.7 及び**図 2.8** のような「特徴データ」の確認方法は、解析用コンピュータにインストールされたフォレンジックソフトウェアに、対象コンピュータに内蔵されているハードドライブを物理的に読み込み、暗号化されているボリュームの最初のセクタを表示する。なお、ハードドライブの読込み方法には「対象コンピュータから内蔵ハードドライブを取り出し、書込み防止措置を設定した状態で解析用コンピュータに接続し、フォレンジックソフトウェアに物理的に読み込ませる」といった手法が挙げられる。

2.5.5　データを証拠保全もしくは収集するための対象となるコンピュータを起動するにあたり留意すべき点は何か

対象のコンピュータの電源投入及び OS 起動において留意すべき点は、以下のとおりである。

（1）電源投入前に、すべてのネットワークから遮断した状態とする

OS 起動時にネットワークに接続されていると、対象コンピュータ内の情報

が流出したり対象コンピュータに侵入されるおそれがある。特に調査対象コンピュータへ侵入されると、フォレンジック調査に必要な情報が破壊もしくは抹消されるおそれがあり、調査に大きな影響をきたす可能性がある。さらに、調査対象コンピュータがマルウェアに感染し汚染されている状態の場合、接続されたネットワークを通じて他コンピュータへ影響が広がるおそれもある調査対象コンピュータ内へのデータの影響を最小限に抑え、かつ外部に影響を広めないためにも、調査対象コンピュータの電源を投入する前にすべてのネットワークから遮断し、スタンドアロンの状態を保持する必要がある。

　スタンドアロンの状態を保持する方法は、有線・無線によって対応が異なる。

①　有線の場合：接続されているすべてのネットワークの有線ケーブル（LAN ケーブル）を取り外す。

②　無線の場合：設置されているすべての無線ネットワークの受信機（アダプタ）を取り外すか、無線ネットワークに繋がるスイッチをオフにするなど無効化する。

　なお、これらの操作は撮影も含め、すべて記録として残す。

(2)　暗号化を解除する情報を入手する

　調査対象のコンピュータの電源投入及び OS を起動したうえで証拠保全もしくはデータの収集作業を行うためのソフトウェアを起動するには、調査対象のコンピュータにログオンしなければならない。さらに前述のボリューム全体暗号化が設定されている場合、ログオン画面に遷移する前に暗号化を解除（もしくは一時解除）するための鍵情報の入力を求められる場合がある。

　正しくログオン画面に遷移させるために、暗号化を解除する鍵情報の入手も求められる。

　なお、ログオン ID 及びパスワードは、管理者（Administrator）権限でなければならない。証拠保全もしくはデータ収集に使用されるアプリケーションは、一般ユーザー権限の及ばない領域にあるデータの収集が必要になる。そのためには管理者権限でのログオンが必須となるため、管理者権限のログオン ID 及

びパスワードの入手が必須となる。

(3) 使用されている暗号化システムの解除方法を入手する

上記(1)で、対象のコンピュータをすべてのネットワークから遮断し、スタンドアロンの状態を保持することを述べた。現在、BitLocker や FileVault 等の OS ボリューム全体暗号化システムではスタンドアロンでも暗号化を解除できるが、なかには専用サーバーに接続し認証を経たうえで暗号化が解除できるシステムも存在する。ボリューム全体暗号化を解除し、正確にログオン可能にするために、使用されている暗号化システムの解除方法をヒアリングなどで入手する必要がある。

また、専用サーバーに接続して認証を経たうえで暗号化を解除しなければならない場合、前述のスタンドアロン状態を保持することと矛盾する。しかし、証拠保全やデータ収集作業に必要な措置であるため、すべて記録することが必要である。

2.5.6 コンピュータの全領域を証拠保全しなければならないか

「電子メールのやりとりのみを調査する」「Web ブラウザによる閲覧履歴のみを調査する」「プログラムの実行履歴のみを調査する」等の明確な目的が定まっているのであれば、対象コンピュータの全領域を証拠保全する必要はなく、目的に応じた特定のデータもしくはファイルのみを収集するだけでも構わない。また、目的に応じたデータもしくはファイルのみの収集に焦点を置くことで、収集や調査作業にかかる時間を大幅に短縮することができる。

ただし、その場合、下記の懸念事項を念頭に置くべきである。

- 通常のファイルコピーでは、現存ファイル(ファイルシステムで検知可能であり、かつ削除されていないファイル)のみが収集の対象となるため、その後の調査において削除データやハードドライブの未使用領域は調査の対象外となる。
- Windows で利用可能なファイルシステム(FAT や NTFS 等)では、削

除ファイルがファイルシステム上で検知可能であるため、削除ファイル
を含めた収集が可能になる。ただし、ファイルシステムの管理外である
ハードドライブの未使用領域などは、収集の対象外となり、同時に調査
においても対象外となる。

- 上記の目的であっても、ファイルシステム管理外も含めた全領域を調査
の対象とする場合、特定のファイルだけでなくハードドライブ全領域の
証拠保全が必要となる。

2.5.7　フォレンジック調査にあたり必ず見るべきデータはあるのか

　フォレンジック調査の目的が定まっていても、闇雲に証拠保全した（ある
いは収集した）データの全領域を調査しても多くの場合は徒労に終わる。それを
防ぐため、証拠保全（あるいはデータ収集）した対象のコンピュータの以下のよ
うな情報をフォレンジック調査前に把握しておくことで、対象コンピュータに
対するフォレンジック調査の必要性の可否、優先順位、ヒアリングした内容と
の齟齬の有無、本来調査すべき対象領域等を把握することができる。

- インストールされている OS とインストール日時
- インストールされているソフトウェアとインストール日時
- USB メモリなどの外部記憶媒体の使用の有無と使用日時
- 設定されているユーザーアカウントとログオン・ログオフの日時
- 実行されたアプリケーションの履歴と実行日時
- ネットワーク設定と通信状況
- 特定ユーザーによるファイルの使用履歴

　上記の情報は、以下のファイルに格納されている。フォレンジック調査を実
施する前に以下のファイルを調査することで、調査対象コンピュータの選別や
効率的な調査作業を行うことができる。

(1) Windows

① レジストリファイル(システム全般)
- ファイル名:SYSTEM / SOFTWARE / SAM / SECURITY
- 格納場所:%SYSTEMROOT%¥system32¥config
  ("%SYSTEMROOT%" は、通常は "C:¥WINDOWS")

② レジストリファイル(ユーザー)
- ファイル名:NTUSER.DAT
- 格納場所:%USERPROFILE%
  ("%USERPROFILE%" は、通常は "C:¥Users¥< ユーザー名 >")

③ イベントログ
- ファイル名:System.evtx / Security.evtx / Application.evtx
- 格納場所:%SYSTEMROOT%¥system32¥winevt¥Logs

④ プリフェッチ
- ファイル名:< アクセスしたアプリケーション名 >-< ハッシュ値(8桁) >.pf
- 格納場所:%SYSTEMROOT%Prefetch

⑤ リンクファイル
- ファイル名:< アクセスしたファイル名 >.lnk
- 格納場所:%USERPROFILE%¥AppData¥Roaming¥Microsoft¥ Windows¥Recent

(2) MacOS

① OS Version
- ファイル名(フルパス含む):/System/Library/CoreServices/System

- Version.plist

② **Current Time Zone**
- ファイル名(フルパス含む)：/private/etc/localtime

③ **ログファイル**
- 格納場所：/private/var/log
- 格納場所：/private/var/log/asl

④ **ユーザーアカウント**
- ファイル名：com.apple.preferences.accounts.plist
- 格納場所：/Library/Preferences/

2.6 スマートフォンを対象にしたデジタル・フォレンジックではどのようなことに留意するか

2.6.1　はじめに

　多くの人がスマートフォンを所有する現代において、これらスマートフォンもフォレンジック調査対象の一つとして必ず取り上げられる。『平成 30 年警察白書』[1]においても、「情報通信技術の普及・進展に伴い、スマートフォン等が犯罪に悪用される事例も多くみられるようになっている」と述べられており、犯罪捜査において実態解明を行ううえでもスマートフォンに対するフォレンジックは重要な位置づけとされていると推察される。

　また、企業などにおいても、社員が会社から貸与されているスマートフォンにてフィッシングサイトにアクセスするケース、その結果マルウェアなどに感

---

1)　国家公安委員会・警察庁『平成 30 年警察白書』27 頁(2018 年)

染するなどしてサイバー犯罪の被害者となったりするケースや、社員自身が内部不正に関与した際にスマートフォンを不正の手段として利用しているケース等が増えている。そのため、それらが疑われるケースに対してフォレンジック調査を行い、被害の詳細や経緯等を調査するといったニーズも増えているのが現状である。

　そこで本節では、このスマートフォンに焦点を当て、初動対応時の留意点から、従来のパソコンなどに対するフォレジックとの違い、フォレンジックを行う際の留意事項について解説する。

2.6.2　初動対応時の留意点

　まず、証拠保全に先立ち、調査対象となるスマートフォンを回収（押収）する際の留意点の一つに通信の遮断などが挙げられる。例えば、マルウェアに感染したパソコンなどへの対応としての抜線については、これ以上の被害拡大を防止するといった目的などが考えられるが、ここで触れているスマートフォンに対する通信遮断の目的としては、調査対象となるスマートフォン内に記録されているデータへの影響の極小化が挙げられる。

　例えば、後の調査で通話履歴や電子メールの送受信履歴等を調べるといった場合に、通信を遮断していなかったばかりに電話の着信があったり、新たな電子メールを受信したりと、現存しているデータへの追記が行われることで、証拠としての性質に重大な影響を及ぼすことが考えられる。また、マルウェアや遠隔操作が可能なアプリケーション等が動作している場合、サイバー犯罪者などから何らかの指令を受けて、フォレンジック調査を困難にするといったリスクを回避するといったことも目的の一つである。

　通信遮断の方法としては、SIM カードを抜く方法、電波遮断用袋といった専用の機材を用いる方法や、スマートフォン自身が有する機内モード（フライトモード）の設定を有効化するといった方法が挙げられる。SIM カードを抜く際、スマートフォンによってはセキュリティ機能によって画面ロックが有効となりパスコードなどの入力などが求められる場合がある。そのため、極力、電

波遮断袋などの利用、もしくは機内モードの設定を有効化するなどの方法をとることを勧める。なお、電波遮断用袋などの利用についての詳細は割愛するが、機内モードの設定を有効化する場合、スマートフォンによっては現在の通信状態へ影響を与える可能性を踏まえるとともに、スマートフォンの設定変更を行うことになるので、後々のことを考慮して同操作を行った旨の記録をとることを推奨する。

　また、パソコンなどに対するフォレンジック調査の際、対象パソコンが電源ONの場合には、画面に表示されている状況を接写したり、必要に応じてメモリダンプを採取するなどしたうえで電源OFFにして、パソコンを回収（押収）することになる。これがスマートフォンの場合、電源OFFの状態から再び電源ONにするときに、スマートフォンの種類によっては、セキュリティ機能のためにパスコードなどの入力を求められたりするため、不用意に電源をOFFにすることは避けるべきである。

2.6.3　従来のパソコンなどにおける証拠保全との違い

　スマートフォンを対象にしたフォレンジック調査においてよく誤解されるのがその証拠保全手法である。従来のパソコンやサーバー等に対するフォレンジック調査においては、その調査の対象物はパソコンなどに内蔵されているハードディスク（SSDも含む）であり、調査に先立ち、ハードディスク複製装置（ハードディスク・デュプリケータ）といった証拠保全専用の機器を用いてハードディスクの物理複製（コピー）を作成したり、Live Linux ブータブルUSB/CD/DVDを活用した証拠保全が可能なツールなどを用いてディスクイメージの作成などを行ったりする。そのため、こういった証拠保全を行うためにはパソコンなどに内蔵されているハードディスクの取り出しを行う必要がある。もしくは、Live Linux などの媒体からの起動を行ったうえで証拠保全を実施することになる。では、「スマートフォンに対しても同様の手法による証拠保全ができるか」というと、「非常に困難である」という一言に尽きる。一般的なスマートフォンのデジタル・フォレンジックのアプローチとしては以降

に示す方法によって証拠保全を行うこととなる。

2.6.4　証拠保全方法の違い

　一言でスマートフォンといってもさまざまなメーカーから発売されており、世界のスマートフォン OS 別インストールベース台数においては、2016 年時点の推計値で 39.6 億台[2]と、全世界の人口の過半数に達しており、そのなかでもとりわけ iOS と Android がその大部分を占める。よって、本節で対象とするスマートフォンについては iOS デバイス（iPhone をはじめとしたスマートフォンや iPad といったタブレット等の Apple 社製の OS である iOS が搭載されたデバイス）と Android デバイス（Google 社製の OS である Android が搭載されたデバイス）を主な対象とする。

　パソコンなどからの証拠保全の考え方として、物理コピー及びイメージコピー、論理コピーといった証拠保全の対象（取得）範囲によって異なる方法が存在する。証拠保全方法の違いについては、前述したとおりであるが、証拠保全の考え方としてはスマートフォンにおいても同様である。

　以下にスマートフォンに対する証拠保全手法を列挙する。

　　①　スマートフォンのバックアップ機能を利用した手法

　　②　スマートフォンのアプリケーションを利用した手法

　　③　カスタム ROM ブートによる手法

　　④　JTAG による手法

　　⑤　チップオフによる手法

　これらの手法のうち、「①スマートフォンのバックアップ機能を利用した手法」は容易に実施できるが、反対に「④ JTAG による手法を利用した手法」や「⑤チップオフによる手法を利用した手法」で実施する場合は、より高度な技術や資機材が必要であり、非常に困難な手法といえる。なお、従来の携帯電

---

[2]　総務省「図表 1-1-1-6　世界のスマートフォン OS 別インストールベース台数」『平成 29 年版　情報通信白書のポイント』（http://www.soumu.go.jp/johotsusintokei/whitepaper/ja/h29/html/nc111110.html）

話（いわゆるフィーチャーフォン）に対するアプローチの一つとして、表示されている携帯電話の画面を写真撮影（接写）により証拠保全する方法もあるが、その詳細な説明は本節では割愛する。

上記①〜⑤の具体的な内容について、以下の(1)〜(5)で解説する。

(1)　スマートフォンのバックアップ機能を利用した手法

この手法は、それぞれのスマートフォンにおいて用意されているバックアップ機能の仕組みを利用したものであり、取得されるデータは論理コピーでの範囲となる。iOS デバイス及び Android デバイスではそれぞれ実現方法が異なるため、以降では、それぞれの方法を記載する。

(a)　iOS デバイスのバックアップ機能を利用した手法

この方法は同スマートフォンが Apple 社から販売されはじめてから現在においても有効かつ標準的な手法ともいえる。昨今では一般利用者がこまめに iOS デバイスのバックアップを取得していることはあまりないと思われるが、Apple 社からは同社のメディアプレーヤー（音楽再生ソフト）として iTunes とよばれるソフトをリリースしている。このソフトウェアでは音楽再生機能の他に iOS デバイスのバックアップ用途としての機能を提供している。証拠保全においては、同機能の仕組みを利用して調査対象となる iOS デバイス内に記録されているデータをバップアップすることが可能である。よって、iOS デバイスからのバックアップ対象ではないデータに関しては対象から除外されるので注意が必要である。

(b)　Android デバイスのバックアップ機能を利用した手法

この手法は、Android OS バージョン 4 以降から利用が可能になった。Android デバイスの証拠保全に関しては、同 OS が提供する adb（Android Debug Bridge）という仕組みを用いることによって Android デバイスからの証拠保全が可能となっている。また、バックアップという点においては繰返しの説明に

なるが、Android OS バージョン 4 以降から新たに追加された機能により Android デバイスからのデータ抽出が可能となった。

なお、同機能によりバックアップが可能なデータについては、Android デバイスにインストールされている個々のアプリケーションの設定にも依存するため、導入されているアプリケーションによってはバックアップされない（データ抽出ができない）ことに注意が必要である。

(2)　スマートフォンのアプリケーションを利用した手法

(a)　Android デバイスを対象とした手法

Android のアプリケーションにおいて、あるアプリケーションから電話帳アプリなどの他のアプリケーションが管理するデータにアクセスすることは、セキュリティ上、許されない仕様となっている。しかし、現実的にはそのデータにアクセスできなくては不便であるため、Android にはコンテンツプロバイダとよばれる仕組みが提供されており、Android アプリケーションの開発者はその仕組みを利用してアプリケーションを開発し、先ほどの電話帳アプリのデータへのアクセスを実現している。

「スマートフォンのアプリケーションを利用したもの」におけるデータ抽出とは、そのコンテンツプロバイダの仕組みを利用した手法となる。具体的には、データ抽出に特化したアプリケーションを調査対象となる Android デバイスにインストールしたうえで電話帳データや画像、動画等のファイル、その他、Android の仕様上コンテンツプロバイダによりアクセス可能なデータを対象にデータ抽出（データベースへのアクセスをイメージしてもらうとよい）を行うものである。この手法は、現在の Android のバージョンにおいても適用可能なものであるが、マルウェアなどをはじめとした悪意をもったアプリケーションにおいて情報窃取目的で利用されること、また、Android アプリケーションを開発するうえでもセキュリティ上は極力制限することが推奨されていることから、本手法によるデータ抽出が可能なデータは限定的である。

なお、本手法によるデータ抽出を行う際は、前述した adb による手法も一

部利用している。

(b)　iOS デバイスにおける手法

　iOS デバイスにおけるアプリケーション導入によるデータ抽出はフォレンジック用途では皆無に等しく、画像や動画等のファイルをアプリケーション経由でクラウドストレージサービスにバックアップしたり、他のスマートフォンにデータ移行するなどの目的で利用されることが多い。

(3)　カスタム ROM ブートによる手法

　この手法は、iOS デバイス及び Android デバイスともにスマートフォン登場の頃からしばらくの間は採用されていた手法ではあったが、近年では、いずれのスマートフォンにおいてもセキュリティ対策が強化されたために、同手法によるアプローチは非常に困難となっている。

(a)　iOS デバイスにおける手法

　iOS デバイスに関しては、DFU（Device Firmware Upgrade）モードとよばれる本来は iOS デバイスの OS のリストアなどに用いられる機能を利用してフォレンジック目的のカスタム OS から起動させることで、iOS デバイスから物理保全ができていたが、現在はこの手法による物理保全は困難である。

(b)　Android デバイスにおける手法

　Android デバイスに関しては、iOS デバイスと異なりさまざまなメーカーが Android デバイスを開発・販売しており、そのデバイスを構成するハードウェアについても各社で異なっている。一部の海外メーカーの Android デバイスにおいては、カスタム ROM ブートが可能な機種も存在しているが、国産メーカーによる Android デバイスに関しては、以前からカスタム ROM ブート自体が困難なため、同手法による物理保全についてもほぼ不可能である。

（4） JTAG による手法

JTAG（Joint Test Action Group：ジェイタグ）とは、国際標準規格 IEEE 1149.1 の通称であり、電子機器などの電子回路の検査を目的としたものである。この手法は、スマートフォンの基板上の検査用端子などからデータを抽出するといったアプローチとなる。これによって、パスコードロックなどの状態になっているために、前述したアプローチでは証拠保全が困難なスマートフォンに対しても対応できる場合もある。しかし、この手法による証拠保全を試みる場合は、対象デバイスを分解する必要があり、また特殊な機材、専門的な知識と技術が必要となる。

（5） チップオフによる手法

同手法は、スマートフォンの基板上にある NAND 型フラッシュメモリ（以下「NAND チップ」という。）を取り外した後、専用の装置にて NAND チップに記録されているデータを読み込むといったアプローチとなる。この手法は、上記（4）の JTAG による手法と同様に、前述した証拠保全が困難なスマートフォンに対して対応できるものである。しかし、この手法による証拠保全を試みる場合は、対象デバイスを分解し、NAND チップをリワーク装置とよばれる専用の装置を用いるなどして基板上から取り外したうえで、データを読み取るために取り外した NAND チップの形状に合わせた機材を準備する必要がある。

2.6.5　root 化や Jailbreak

Android では root 化、iOS デバイスでは Jailbreak もしくは脱獄とよばれる方法を用いて、本来は不可能な設定の変更を行ったり、公式のアプリストア以外から入手したアプリケーションのインストールを行えるように改造する行為を一部の利用者が行ったりすることがある。スマートフォンのデジタル・フォレンジックにおいてもこれらの方法を利用したうえで Android デバイス及び iOS デバイス中のデータに対して通常よりも強い権限でアクセスできるように

することが可能になる。それにより物理保全をはじめ、バックアップによるデータ抽出アプローチと比べて広い範囲にデータ抽出を可能にするなど証拠保全可能な範囲が広がる。しかし、iOS デバイスに関していえば、Apple 社は Jailbreak を認めておらず、Jailbreak を施した iOS デバイスはサポート対象外となることもあり、一般的には推奨されない手法ではある。しかし、「通常の手法では抽出できないデータをどうしても抽出したい」といった事情がある場合においては、同行為によりデバイスが故障し起動しなくなるリスクも許容したうえで、このアプローチがとられる場合もある。その場合、対象デバイスと同型のデバイスを事前に用意・検証し、問題が起きないことを確認したうえで、実際の調査対象デバイスに対して施すことが望まれる。

2.6.6　原本との同一性維持

　従来のデジタル・フォレンジックにおいては、調査対象機器から証拠保全したデータに関して、原本との同一性に言及されることが多い。例えば、「デジタル・フォレンジックの原理・実際と証拠評価のあり方」においては、「解析の対象となった保全データは、保全作業時に原本ディスクに記録された原本データと、同一でなければならない。これを保全データと原本データの同一性ということができる」[3]とされており、スマートフォンを対象にしたデジタル・フォレンジックにおいても、この点について指摘される可能性は否定できない。しかし、前述のとおり、従来のパソコンなどにおける証拠保全手法の適用が非常に困難なスマートフォンにおける証拠保全は、電源が ON となっている状態（つまりデバイスが動作中）で実施することが基本であり、そのような理由から、原本となるスマートフォンのストレージに記録されていたデータと、そのスマートフォンから抽出されたデータを比較した場合、比較範囲や対象によっては同一であるとは限らないという点に留意する必要がある。

---

3)　吉峯耕平・倉持孝一郎・藤本隆三・新井幸宏「デジタル・フォレンジックの原理・実際と証拠評価のあり方」季刊刑事弁護 77 号 134 頁（2014 年）

2.6.7 解析対象の違い

　Windows 系 OS におけるフォレンジック調査の解析対象は、ファイルシステム、レジストリ、イベントログ、プリフェッチ、メモリ等に加え、調査目的に応じて個々のアプリケーションのデータ等、多岐に渡る。これらのデータは、いずれも異なるデータ形式のため、それぞれの形式に対応したフォレンジックツール（調査・解析ソフトウェア）を用いて解析する必要がある。そのため、所有するフォレンジックツールが対象データの解析に対応していない場合などは、コミュニティにおいて公開されているオープンソースツールを活用する他、フォレンジック解析担当が自ら解析ツールを自作するなどの対応を行うこともある。一方、スマートフォンにおいても個々のアプリケーションのデータを中心に解析するが、多くの場合、そのデータ形式が後述する SQLite3 データベースであるため、同データベースに対応したツールを用いることで対応可能であるが、デジタル・フォレンジックという観点では別途留意すべき事項がある。

2.6.8 SQLite3 データベースの解析

　前項で解析対象の違いについて解説したが、本項では個々のアプリケーションが記録しているデータの一つである SQLite3 データベースについて触れたい。

　SQLite3 データベースは、本節の対象であるスマートフォンに限らず、Windows や macOS といった OS が稼働するパソコンなどにおいても OS 自身、もしくはアプリケーションがデータを記録するために使っているファイル形式の一つである。SQLite3 は、一般的なリレーショナルデータベースとは異なり、サーバーは存在せずアプリケーションに組み込んで利用される。データの保存には単一のファイルが用いられ、そのファイルについては SQLite3 が対応する OS 上ではそのままで利用できる（データ変換などは不要）といった特徴がある [4]。このような特徴もあってか、スマートフォンにおいては以前からデータ

4）　SQLite "About SQLite"（https://www.sqlite.org/about.html）

保存には SQLite3 データベースが主に利用されている。

　SQLite3 データベースは仕様も公開されていることから、多くの SQLite3 対応ソフトウェアが有償・無償で公開されている。しかし、これらのソフトウェアはあくまでデータベースの閲覧・編集を目的としたソフトウェアであるため、現存するデータを参照するという目的ならば事足りる一方で、デジタル・フォレンジックという観点では、調査対象データベースに変更を加えてしまう問題がある点や、削除レコードの復元・表示には対応していない点に留意する必要がある。

2.6.9　スマートフォンに対応したフォレンジックツール

　従来のパソコンなどに対するデジタル・フォレンジックを行うために利用されているフォレンジックツールは多く存在し、これらツールのいくつかにはスマートフォンの解析にも対応するものもある。しかし、さまざまな種類のスマートフォンやそのうえで動作するアプリケーションへの対応を考えた場合、日々リリースされる新製品やバージョンアップに追随して、証拠保全と調査・解析を可能とするのは現実問題として難しい。そのようなことから、実際のフォレンジック調査の現場においては、スマートフォンに特化したフォレンジックツールが用いられることが多い。これらツールの操作は直観的に利用できることを特徴としているツールも多くあるが、スマートフォン中に記録されているデータの性質や特性等を理解せずして利用した場合などは、見落としや誤認を招くおそれもあることから、このようなツールを利用して調査・解析を行ううえでは、十分に留意して利用すべきである。

2.6.10　クラウド上のデータについての留意点

　本節では、スマートフォンを対象にしたデジタル・フォレンジックを中心に解説してきたが、主要のスマートフォン OS である Android や iOS ともにクラウドサービスとの親和性が非常に高いということは読者も十分に認識しているだろう。しかし、スマートフォン上で設定されているアカウントに紐づく

データがクラウドサービス上に保存されているため、「スマートフォンからの証拠保全及び解析だけでは調査の目的を十分に果たせるか」というとそうとも限らないケースも存在する。そのようなことから、スマートフォンを対象にしたフォレンジック調査を行う際には、調査対象のスマートフォン上に設定されているアカウント（インストールされている各アプリケーションに設定されているものも含む）と紐づく、クラウド上のデータの証拠保全についても考慮すべきである。

2.6.11　セキュリティ対策によるデジタル・フォレンジックの困難性

スマートフォンの一般利用者として見た場合、自身が所有するスマートフォンを紛失したり、盗まれたりなどした場合に、「スマートフォンの情報を見られたくない」と考えるのは、ごく普通であろう。そのため、スマートフォンが世に出たときから既に、これらスマートフォンにおけるセキュリティ対策として、パスコードによる画面ロックやデータの暗号化など、さまざまなセキュリティ機能が装備されたうえで、スマートフォンが利用者の手に渡っていった。

しかし、スマートフォンを調査する立場で見た場合、これらのセキュリティ機能は非常に大きな壁となる。そのため、それを打ち破るためにパスコードのバイパス手法を始め、さまざまなアプローチが編み出される一方で、ただちにメーカーがそのような穴を塞いでいくといったいたちごっこが繰り返されている。今後もこの関係は続いていくはずであり、技術的なアプローチ以外においてもメーカーや利用者の理解も含めて考慮する必要がある。

2.7　ネットワーク・フォレンジックではどのようなことに留意するか

2.7.1　ネットワーク・フォレンジックの位置づけ

ネットワーク・フォレンジックは、コンピュータネットワークにおけるトラ

フィックの監視及び分析に関するデジタル・フォレンジック領域の一つである。

　オンプレミス(情報システムの設備・ハードウェアを自ら保有及び保守・運用すること)から、在宅勤務の推進、節電、コスト削減、業務効率化等のためにクラウドに移行する企業が増加している。しかし、これはデジタル・フォレンジックの観点からは、自組織で直接管理できるコンピュータが少なくなることになるため、インシデント発生時におけるコンピュータからの証拠保全が困難になるか、不可能に近い領域が発生することになる。そのため、インシデント発生を想定したうえで、ネットワーク上で流れるトラフィックを取得及び保全し、監視・分析する必要が出てきている。

2.7.2　コンピュータ・フォレンジックとネットワーク・フォレンジックの違いは何か

　コンピュータ・フォレンジックとネットワーク・フォレンジックでは、調査対象となる証跡・ログの場や特性が大きく異なる。

　コンピュータ・フォレンジックは、コンピュータ上で動作するソフトウェアにより必然的に発生するファイルやデータの変化(証跡)や、開発者や運用管理者が設定等により記録されるログなどのシステム上に残存する情報を調査対象とする。例えば、一般的なパソコンは、セキュリティを意識した設定をしなくても、ある程度の証跡やログが残存する。

　ネットワーク・フォレンジックは、コンピュータ間のネットワーク上で流れるトラフィックデータの一部を取得、保存、蓄積する仕組みによって取得される情報を調査対象とする。例えば、パソコン自体にトラフィックデータは残らないため、事前にセキュリティを意識した設定が可能なネットワーク機器にトラフィックデータに関わるログを残す必要がある。しかし、最近の暗号通信の進展によりネットワーク機器に残存する調査可能なログはわずかである(図 2.9)。

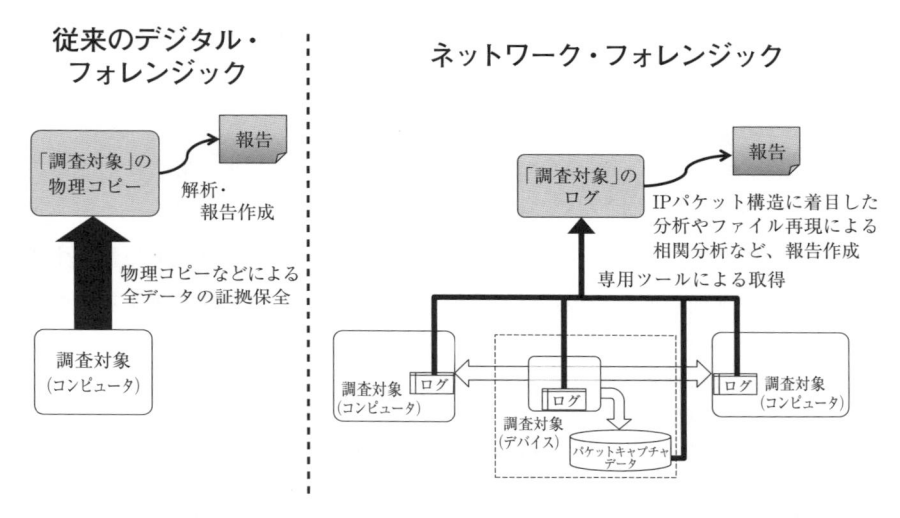

図2.9　コンピュータ・フォレンジックとネットワーク・フォレンジックの違い

2.7.3　ネットワーク・フォレンジックの目的は何か

　ネットワーク・フォレンジックの主な目的は、実施者が担当するネットワークシステム領域における①状況認識のための情報収集、②事実認定に備えた証拠の取得・保全、③セキュリティ対策のための侵入検知である。それぞれを以下に解説する。

① 「状況認識のための情報収集」は、コンピュータネットワークに対する脆弱性検査やペネトレーションテスト(既知の手法を用いた侵入可否テスト)の一環で行われることが多いが、経年にわたって拡張されたコンピュータネットワークにおいて不明瞭になった構成管理や資産管理を整備するために行うこともある。

② 「事実認定に備えた証拠の取得・保全」は、取得・保存・蓄積されたトラフィックデータを分析して、証拠能力(訴訟において証拠方法として用いることのできる資格)を得て、証明力(証明すべき事実の認定に役立つ程度)を確保するために行われる。具体的な作業の例として、トラ

フィックデータから抽出した断片的な転送ファイルの再組み立て、キーワードの検索、電子メールやチャットのやりとりから人間同士のコミュニケーションの解析などがある。

③ 「セキュリティ対策のための侵入検知」は、悪意ある第三者による不正アクセスや不正プログラムの感染等により発生する異常トラフィックを検知することであり、コンピュータネットワークを継続的に監視することが前提にある。最近は、侵入したコンピュータ上に証跡やログを残さない手口が進展しているため、ネットワーク・フォレンジックの分析で得られた結果が唯一の証拠になることがある。

2.7.4 ネットワーク・フォレンジックを行う対象の種類

ネットワーク・フォレンジックを行う対象の種類には、OSI 参照モデル（コンピュータがもつべき通信機能を階層構造に分割したモデル）における、物理層とデータリンク層に相当する「イーサネット」、ネットワーク層とトランスポート層に相当する「TCP/IP プロトコル」、アプリケーション層の「サーバーソフトウェア」がある（**図 2.10**）。

① 「イーサネット」とは、コンピュータネットワークの規格の一つで、有線 LAN(Local Area Network)で最も使用されている技術規格のことである。物理的構成は、パソコン、ルータ等のネットワーク機器、ケーブルで成り立つ。

② 「TCP/IP プロトコル」とは、インターネット及びインターネットに接続する商用ネットワークで利用できる通信規約のことである。物理層やプロトコル層の違いや、異なる OS で相互通信を可能としたオープンソースの一つである。

③ 「サーバーソフトウェア」のなかで、ネットワーク・フォレンジックを行う対象になることが多いのは、Web サーバー、プロキシサーバー、メールサーバー、IRC サーバー、FTP サーバー、ファイル共有サーバー、SNS サーバー、メッセージングアプリサーバーである。これらのサー

（OSI参照モデル）

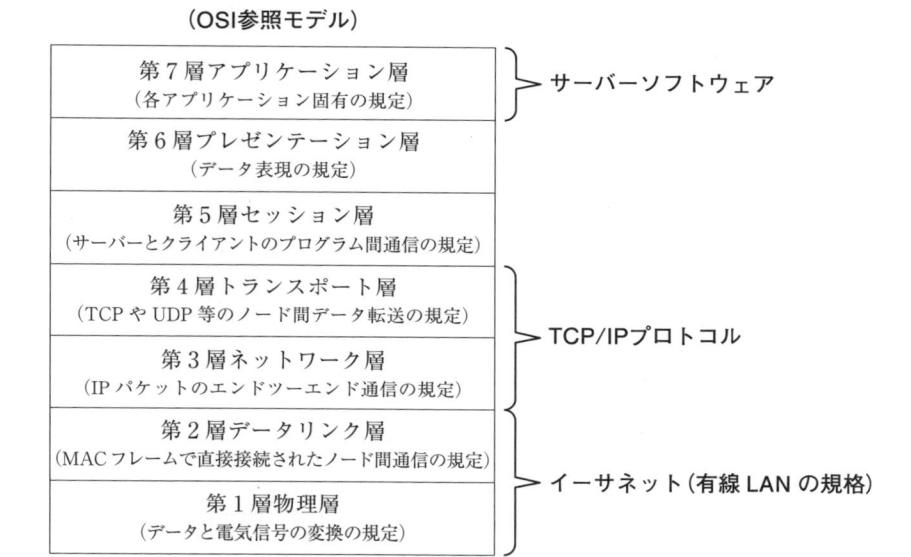

図2.10　ネットワーク・フォレンジックを行う主な対象

　バーソフトウェアのログには、特定のユーザーアカウントやアクセス元
IPアドレスが含まれていることが多い。

2.7.5　ネットワーク・フォレンジックの基本的な流れはどうなるのか

　ネットワーク・フォレンジックの基本的な流れは、①インシデント検知、②
コンピュータネットワーク環境の保全、③証跡・ログの収集、④検索・抽出、
⑤分析、⑥説明のための資料作成、⑦インシデント対処になることが多い
（図2.11）。

❶　インシデント検知：インディケータ（脅威の可能性のあるサイバー攻
　　撃やサイバー犯罪等の把握や判断のためのデータや情報のこと）にもと
　　づいたインシデントの認知と判断のこと。

❷　コンピュータネットワーク環境の保全：物理的及び論理的な証拠が状
　　態変化しないように確保及び隔離すること。例えば、ログが上書きされ

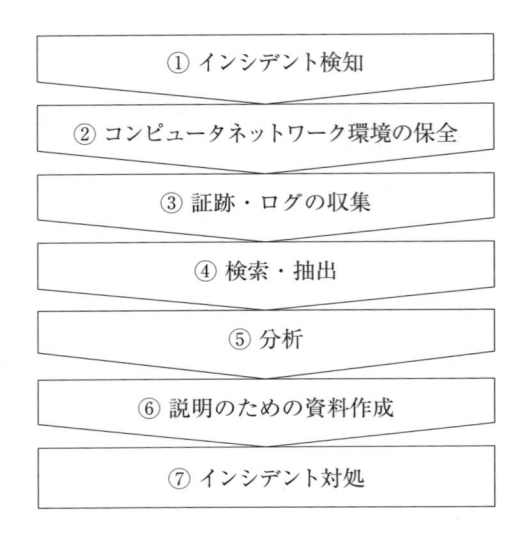

図2.11　ネットワーク・フォレンジックの基本的な流れ

ないようにトラフィック発生を抑制したり、電磁的な影響(現失や損傷等)を回避する。

❸　証跡・ログの収集：ログに対して、さまざまな観点にもとづく検索、絞り込み、統計的処理等を行い、ネットワークを介した不正挙動に関わる記録を抽出あるいは特定すること。

❹　分析：抽出あるいは特定した証跡情報に意味合いをもたせ、データやファイルを再現し、説明責任に資する挙動プロセスなどを作成すること。

❺　報告資料：分析した情報などを整理統合して、報告先が理解可能なレベルに合わせて作成される説明資料のこと。

2.7.6　ネットワーク・フォレンジックには、どのような課題があるか

ネットワーク上のトラフィックは膨大であるため、すべてを取得あるいはパフォーマンスを下げずに検疫することは困難である。また、トラフィックデータは、暗号化、スプーフィング(なりすまし)、プロキシ(中継)等により、ログの収集・処理及び分析に限界がある。

　ネットワーク上のトラフィックは、さまざまなツールで取得することができるが、ネットワーク・フォレンジック実施者が期待する証跡情報の抽出・特定に必要なトラフィックデータのすべてを取得することは非常に難しい。

　トラフィックに SSL や VPN 等の暗号措置がされていた場合、データストリームを得ることはできないため、IP アドレス、ポート、データ長の情報を頼りにログの収集・処理及び分析をする必要がある。

　トラフィックの経路上でスプーフィング(なりすまし)や、プロキシ(中継)がされていた場合、悪意のある者のコンピュータの IP アドレスを特定することが困難になる。

2.7.7　ログの収集・処理及び分析の勘所やツール

　ログの収集・処理の勘所は、さまざまな観点にもとづくトラフィックデータの関連づけである。そして、分析の勘所は、ログに含まれている IP パケット構造に紐づく情報、ファイルの再現、ユーザーエージェント、ソフトウェアバージョン等をキーとした挙動プロセスの見出しである。このときに使用するツールには、モニタリング(取得を含む)、蓄積保存、抽出・集計等の種類がある。

　トラフィックデータの関連づけは、特定あるいは処理した各データに対して、相関関係(一方が変化すれば他方も変化すること)、因果関係(原因と結果/連続した相関関係)、時間関係(周期、集中、偏差)等の観点で行う。

　ログの収集・処理でよく行われる作業は、PCAP ファイルとよばれるフラフィック上のパケットを記録したデータを使用し、IP パケット構造に紐づく情報(IP アドレス、プロトコル、ポート番号等)、タイムスタンプ、ユーザーエージェント、ソフトウェアバージョン等をキーとした検索や処理を行う。

　分析でよく行われる作業は、IP パケットそのものに着目した評価(通常であるか否かの判断)や再現したファイルの内容確認等である。

　ネットワーク・フォレンジックの調査ツールの主な機能は次のとおりである。

- ネットワークトラフィックのキャプチャ及び分析

- ネットワークのパフォーマンス評価
- 異常なトラフィック及びリソースの不正使用の検知
- 使用されているネットワーク・プロトコルの特定
- 複数のリソースからのデータの統合
- セキュリティの観点にもとづく調査（インシデント対応を含む）

2.8　ファスト・フォレンジックではどのようなことに留意するか

2.8.1　ファスト・フォレンジックとは何か

　ファスト・フォレンジックとは、「発生したインシデントに対して、早急な実態解明や原因追求のために、侵入経路や不正挙動を把握に特化した必要最低限のデータ抽出、コピー及び解析のこと」である。

　「ファスト」は、"急速"あるいは"素早くできる"の意味をもつ「Fast」であり、デジタル・フォレンジックに関わる時間を短縮した印象を与えたものである。ただし、従来のデジタル・フォンジックにおける証拠保全に求められる「裁判の証拠としての使用前提」が確保されたものではない。

2.8.2　なぜファスト・フォレンジックが着目されているのか

　ファスト・フォレンジックが着目されている背景には、コンピュータ内のデータ量の急増、及びインシデント発生時における調査対象のコンピュータやデバイスが広範囲かつ階層的になってきたため、従来のデジタル・フォレンジックで求められている証拠保全が難しくなってきたことが一因にある。

　インシデント発生時における調査対象のコンピュータやデバイスの数が広範囲かつ階層的になった背景には、業務で利用されるコンピュータ同士のネットワークを介した相互接続が進展したことで、サイバー攻撃に利用されるマルウェアによる他のコンピュータへの感染拡大（ラテラルムーブメント）が増大し

たことが挙げられる。

　コンピュータ内のディスク上にファイルが生成されない攻撃手法（ファイルレス攻撃）が増加しているため、実態解明や原因究明のために、メモリ上に残存している揮発性の高い情報を取得・保全する必要性が高まってきている。

　コンピュータへの採用が進む SSD は、構造の特性上、HDD のように古いデータに（直接）上書きすることができないため、データを書き込む際には古いデータを消去して新しいデータを書き込むというステップを踏む。したがって、SSD は（HDD では可能だった）データ復元が困難な場合があるため、インシデント発生直後の迅速な証拠保全がますます求められるようになった。

2.8.3　ファスト・フォレンジックでは（具体的に）何をするのか

　ファスト・フォレンジックでは、実態解明や原因究明のために必要最小限の調査対象を決定し、コンピュータやデバイスにおけるアーティファクトのみを取得及び解析する。

　アーティファクトとは、ある有名な辞書では「科学的な調査や実験において観察されたものであるが、事前準備あるいは調査プロセスの結果として自然に表出するものではない」と説明されているが、デジタル・フォレンジックにおいては「証跡」に近い意味で使われている。したがって、「コンピュータシステムの仕様上、人や不正プログラムの操作により、ファイル／データ／ネットワーク／内部等のさまざまな処理により必然的にディスクやメモリ上に残る痕跡のこと」と解釈するとよい。

　なお、Windows OS におけるアーティファクトは、イベント ログ、プリフェッチ、レジストリ、ジャーナル、メタデータ、インターネット（ブラウザによる閲覧履歴、メーラなどの設定及び送受データ）、メモリ上の情報を指す。

2.8.4　ファスト・フォレンジックにおける具体的な作業は何か

　ファスト・フォレンジックでは、「保全（取得）対象の多くが揮発性情報であるという認識をもつこと」「サイバー攻撃やサイバー犯罪の手口・方法や使用

技術が変化していくため、サイバー脅威に追随した保全(取得)対象を変更していくこと」が重要である。

　前述のとおり、「サイバー空間を利用した攻撃」「ファイルレス攻撃(コンピュータのディスク上にファイルを生成しない攻撃)などの犯罪手法の変化」「証拠保全の対象となるコンピュータやデバイスの変化(ディスク上に古いデータが残りにくいSSDの採用増加、コンピュータやデバイスの相互接続と個々のディスク容量の増大等)」が顕著になってきているため、実態解明や原因追求のために必要と思われるすべてのコンピュータやデバイスを保全することが困難となってきている。

　さらに、迅速な実態解明と原因追求の要求が強くなってきていることもあって、たとえデータ容量が急増しているコンピュータの保全であっても、すべてのデータを取得・解析する時間が十分に与えられていない状況に陥っている。

　このような状況の変化により、インシデント発生の現場では、一つのコンピュータあるいはデバイスを深く調査する暇がなくなってきているため、迅速な実態解明や原因究明を特定するために、(やむを得ず)最低限のデータ抽出・解析をすることが求められてきている。

　そのため、デジタル・フォレンジックの現場では、想定されるサイバー攻撃やサイバー犯罪の手口・手法や使用技術により、コンピュータに残存する可能性の高い痕跡を「専用ツール」で一気に取得することが望ましい。いくつかのファスト・フォレンジックに関する文献や公表資料において、ファスト・フォレンジックの保全対象の範囲を「一部」や「必要(最低限)」と説明しているものが散見されるが、その範囲は、絶えず変化するサイバー攻撃やサイバー犯罪の手口・手法や使用技術に対する十分な観察と理解により得られるものである。

　したがって、「専用ツール」は、デジタル・フォレンジック実務者が担当する領域(自組織内のコンピュータなど)において、アセスメントやペネトレーションテスト等により、発生する可能性のあるサイバー攻撃や(内部犯行を含む)サイバー犯罪の手口・手法や使用技術を十分に想定したうえで、開発及び整備していく必要があるといえる。悪意のある者は、サイバー攻撃などの手

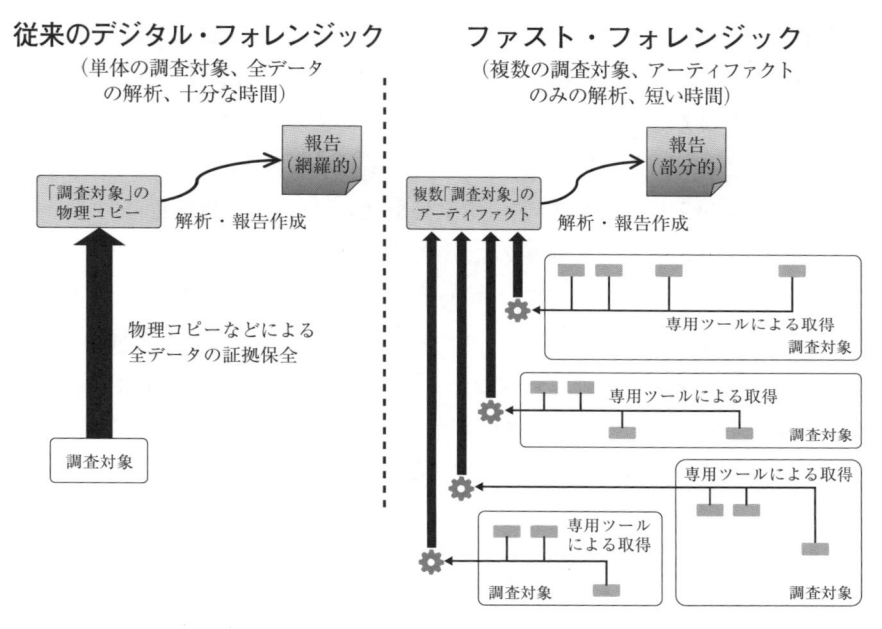

図2.12　従来のデジタル・フォレンジックとファスト・フォレンジック

口・方法及び使用技術を変化させていくため、この「専用ツール」は、攻撃側の状況変化に追随したうえで整備していかなければならない。

　一般的な企業では、このような「専用ツール」の開発や継続的な整備をすることが難しいと思われるため、まずは、CDIR[5]のようなオープンソースのツールを使い慣れておくことが重要になると考えられる（**図2.12**）。

2.8.5　ファスト・フォレンジックができるようになるために必要なこと

　ファスト・フォレンジックができるようになるためには、まず、サイバー環境及び社会・組織からの要請の変化を把握しつつ、ファスト・フォレンジック

5）　GitHub "CDIR"（https://github.com/CyberDefenseInstitute/CDIR）

が必要となるシーンを想定することが重要である。そのうえで、特にサイバー
攻撃の基本的プロセスを把握し、それぞれのプロセスで取得すべき対象を理解
しておくことが考えられる。小手先(その場しのぎ)の技術習得や特定のツール
の使いこなしを高めるだけは難しい。

　サイバー環境とは、ITU-T(国際電気通信連合　電気通信標準化部門)におけ
る"Cyber Environment"の定義のなかに、その構成要素としてユーザー、ネッ
トワーク、デバイス、すべてのソフトウェア、プロセス、ストレージ(記憶媒
体)あるいは経路上の情報、アプリケーション(特定の作業や業務を目的として
基本ソフトウェア上で動作するソフトウェア)、ネットワークに直接的及び間
接的に接続されることのあるシステムが示されている。つまり、ICTユーザー
であるわれわれを含めたシステム環境で認識可能なほぼすべてであるとしてい
る。

　組織・社会からの要請の背景として日本国内の例を挙げてみると、日本再生
本部が打ち出している「Society5.0」や「データ駆動型社会」への変革による
社会全体の利用するテクノロジーや仕組みの急変、以前から進展している規制
緩和による競争激化と業界再編、少子高齢化による労働人口の減少(社会ニー
ズから見ると急減)等により、ICT環境が大きく変わりつつある現場ではイン
シデント発生時における要請や期待が多岐にわたり、かつ厳しくなってきてい
るといえる。

　サイバー攻撃に対する基本プロセスから眺めたファスト・フォレンジックへ
の適用事項については、杉山一郎氏の「今、現場で求められるFast Forensics」
を参考にしてもらいたい[6]。

---

6)　デジタルフォレンジック研究会「今、現場で求められるFast Forensics」〔杉山一郎〕
(https://digitalforensic.jp/wp-content/uploads/2014/06/66396c87002dedfdb1d230e7db
8f891a.pdf)

第**3**章

調査・捜査とデジタル・フォレンジックの実務

3.1 不正調査などでデジタル・フォレンジックはどう使われるか

　企業における不正や不祥事は毎日のようにメディアに取り上げられている。不正や不祥事が起こった結果、企業経営者が辞任を余儀なくされることも珍しくはない。不正や不祥事が発覚したり、その兆候や疑いを認識した場合、どのように企業は対応すべきか、また、その際にデジタル・フォレンジックをどのように使えばよいのかについて解説する。

3.1.1　不正にはどのようなものがあるか

　企業の不正や不祥事についてはいろいろな分類が考えられる。例えば、法令などの違反になることを承知のうえで行う不正もあれば、単なる無知で悪意はなかったものの結果的に法令違反になった不祥事もある。また、従業員レベルが行う不正もあれば、経営者が行う不正もある。粉飾のように情報を操作するような不正もあれば、会社のお金を個人的に費消するという不正もある。不正や不祥事を調査する手順や手法は不正の態様によって大きく異なることはないが、不正や不祥事の態様により不正調査において留意すべきことがあるので、不正や不祥事の態様を分類して理解しておくことは重要である。

　例えば、経営者が主導する組織的な情報操作の不正（例えば、粉飾決算や検査データの改ざん）の場合は、不正の発覚がされにくいように、組織的に不正の証拠が挙がらないように複雑な処理をしたり、都合の悪いデータを削除したり、さまざまなデータを改ざんしている可能性がある。このような場合は、幅広く（例えば、電子データの痕跡を収集するなど）データを収集し、さまざまな角度から分析をしてデータの矛盾などを把握し、消去、改ざんされているデー

タなどの有無や内容を把握する必要があるだろう。経営者による組織的な不正にはデジタル・フォレンジックの活用がより有効になるだろう。

3.1.2　不正や不祥事の態様による分類例

不正や不祥事の分類は以下のような観点から行うとよい。

① 意図の有無：「意図的な不正」か「結果的な不祥事」か。

② 職位：「経営者による不正」か「従業員による不正」か。

③ 内容：「金銭を含む資産の搾取」か「情報操作（虚偽申告、改ざん、漏えい等）」か「法令違反（贈収賄、談合等）」か。

④ 目的：「組織目的」か「個人目的」か。

⑤ 広がり：「組織的な不正」か「個人的な不正」か。

3.1.3　不正調査の概要

内部通報、内部監査や外部機関等からの連絡により不正や不祥事が発覚したり、またはその可能性が高いと判断された場合、企業は、不正や不祥事の背景や被害規模等の事実解明及び調査手法や調査スケジュールを理解したうえで対応することが重要となる。

このとき、以下が一般的な不正調査の流れとなる[1]。

① 初動調査

② 実態調査

③ 是正措置策定

④ ステークホルダー対応と公表

ここでは、デジタル・フォレンジックの適用に関連の高い、初動調査と実態調査についてデジタル・フォレンジックの観点を中心に説明することにする。

---

1)　デロイトトーマツ「不正調査サービス」(https://www2.deloitte.com/jp/ja/pages/risk/solutions/frs/fraud-investigation.html)

(1) 初動調査

　初動調査は不正調査のなかでも最も重要な局面といえる。初動調査を誤るとその後の対応が十分にできなくなるおそれが強いからである。不正や不祥事が発覚するきっかけは、内部通報、内部監査や所管省庁や警察などの外部機関等からの連絡により明らかになるケースが多い。この段階では、不正や不祥事が確定的というよりも可能性が高いだろうと推測される状況が多いだろう。連絡のあった内容は明らかに疑問がある場合を除き、その真偽を確かめることが必要である。つまり、初動調査では、内部通報などでもたらされた情報を評価し、その後の対応方針を決定することが第一義的に重要である。あわせて緊急性があれば、早急に対策をとることもある。

　内部通報などをきっかけに得られた不正や不祥事の兆候について、他の情報などとも突き合わせて蓋然性が高いと判断する場合は、実態調査の実施を検討するとともに、外部のステークホルダーの対応と公表を検討することになる。

　初動調査で実施することは、以下のとおりである。

　　① 内部通報、内部監査、外部機関等から得られた情報の評価
　　② 実態調査の実施の検討
　　③ 外部公表の検討

(2) 実態調査

　初動調査の結果、不正や不祥事の疑いが高く、「もし決定的な証拠が見つかった場合には外部公表なども行う必要がある」と判断される場合には、実態の解明を目的とした実態調査を以下の流れで行う。

　　① 実態調査メンバーの選定　　⑤ 仮説の立案及びその検証
　　② 実態調査方針の決定　　　　⑥ 結果のとりまとめ
　　③ 実態調査の実施　　　　　　⑦ 実態調査報告書の作成
　　④ 情報収集・分析

次に上記①～⑦それぞれを解説する。

①　実態調査メンバーの選定

　「実態調査メンバーを誰にするのか」は、調査報告書の信頼性及び調査期間やコストの制約に影響する。例えば、経営者の関与が疑われる大規模な不正の場合は、時間やコストがある程度かかってもその経営者の指揮命令系統から完全に独立した「第三者委員会」によるほうが、株主や社会に対しても説明がつくという意味で望ましい。一方、担当者による不正の場合は「社内調査委員会」によるほうが調査期間やコストの面からもよいだろう。また、経営者の関与が疑われない大規模な不正の場合は、その中間的な「外部調査委員会」によるのが望ましいだろう。なお、「第三者委員会でデジタル・フォレンジックはどう使われるか」については 3.4 節で説明する。

　実際には多くの場合、社内のメンバーが実態調査に関わることになるが、社内メンバーの選定は、以下の点から慎重に行うべきである。

- 調査メンバーから不正実行者へ情報が漏えいする可能性
- 不正実行者を調査メンバーにすることで調査情報が漏えいする可能性

　また、昨今の調査では情報システムに保存されているデータの収集、保全、分析が必要となるため、情報システム関係者を含むことが必須となる。情報システム関係者が不正に関与している可能性がある場合、調査メンバーの選定に、特に注意を払う必要がある（**図 3.1**）。

②　実態調査方針の決定

　実態調査メンバーがまず取り掛かるべきは、実態調査方針の策定である。

　実態調査方針では、以下のことを明確にすることになる[2]。

❶　調査実施期間	❹　調査範囲
❷　調査実施体制	❺　調査手続
❸　調査対象	

---

2)　デロイトトーマツ「不正調査サービス」(https://www2.deloitte.com/jp/ja/pages/risk/solutions/frs/fraud-investigation.html)

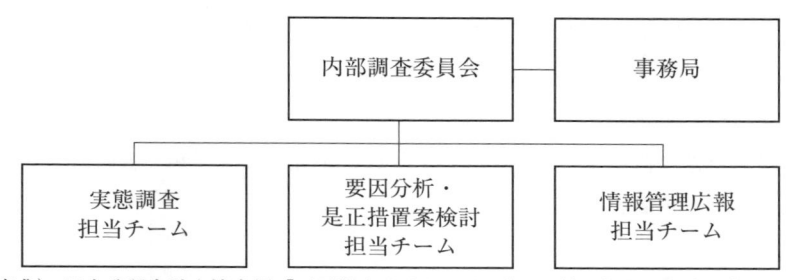

出典）　日本公認会計士協会編『不正調査ガイドライン』84 頁（日本公認会計士協会出版局、2017 年）

図 3.1　内部調査委員会の役割分担（例）

デジタル・フォレンジックでは、対象とする電子データを明らかにすることが重要である。会計不正であれば、会計データ、販売システムのデータ、固定資産台帳システムに含まれるデータ等が関連してくるであろう。談合などであれば、電子メールでのやりとりや携帯電話の通話履歴が重要となるだろう。

調査範囲に含まれる可能性のある電子データには次のようなものがある[3]。

- パソコンなどの HDD に残存しているデータ
- メールサーバーやファイルサーバー等のデータ
- 監視カメラの映像データ
- 会計データ、取引データ（購買管理、販売管理、原価計算等）
- 人事・給与データ
- 音声などのデータ
- デジタルカメラ
- 携帯電話
- リムーバブルメディア（HDD、USB、CD、DVD、メモリーカード等）

システムへのログオンやファイル等へのアクセスログのみならず、物理的な入退室を示すアクセスログや監視カメラのデータも調査対象とする必要性があ

---

[3]　日本公認会計士協会編『不正調査ガイドライン』103 頁（日本公認会計士協会出版局、2017 年）。

る場合もある。また最近は、スマートフォンの利用が広まっていることから、SMS（Short Message Service）や LINE などのメッセージングアプリの送受信履歴等についても調査することも増えている。

　時間や予算の制約等で実際には利用しないかもしれないが、広範に調査対象を捉えておく必要がある。

③　実態調査の実施

④　情報収集・分析

　事実関係の把握のために情報収集・分析は重要である。情報収集・分析が適切に行われないと、その後の仮説の立案及びその検証が適切に行えないからである。電子データについては、分析方法や手法の違いから、構造化データと非構造化データに分けて整理するのが実務的にはよいだろう。構造化データはリレーショナルデータベースのデータが典型的で、例えば会計システム、販売システム、固定資産台帳システム等のデータが該当する。一方、非構造化データは、パソコン、サーバー、リムーバルメディア等に残存しているデータ、メールサーバー、ファイルサーバー等のデータが該当する。

　構造化データは収集分析が比較的簡単であるが、非構造化データは適切なツールを利用しなければ効率的に分析できない。そのため、それぞれのデータに応じたツールに関する知見も必要となる。また、スマートフォンからのデータ収集などでは情報収集に専門的な知見が必要となる。情報技術の進歩とともにデジタル・フォレンジックの活用が今後ますます重要となるのは間違いない。

⑤　仮説の立案及びその検証

　前段階で収集、分析した情報を活用し、不正に対する仮説を立て、その仮説の確からしさを検証することになる。「適切な仮説を立案することができるかどうか」が、不正調査の重要なポイントとなる。適切な仮説を立てるためには、過去の不正調査などの経験が生きてくる。しかし、一方で過去の経験に捉われ

〈情報収集における情報の優先順位のつけ方について〉

　不正調査はその事実関係などを適時に利害関係者に報告する必要があり、調査対象における情報システムの状況、予算及び時間の関係から、必ずしもデータの保全、収集、分析が万全にできるわけではない。デジタル・フォレンジックはその性質から、手続を厳密にすればするほど時間がかかることになる。完全を求めるがあまり、全体像を把握できず、適切な仮説・検証ができなくなるのであれば、本末転倒である。そのため、「情報の関連性」「情報の信頼性」「情報の適時性」を意識して、収集、分析すべき情報の優先順位をつけることが重要となる[4]。

① 情報の関連性

　不正に関する要素（不正関与者、不正要員、不正の手段、不正の影響額等）について、直接的・関節的に有意義な情報を与える程度[5]のことである。

　組織には多くのデータがあるため、まずは不正に関連するデータに絞ることが重要となる。不正調査の場合は、不正の存在を立証する直接の証拠が電子メールなどのコミュニケーションで発見できることから、不正に関与した疑いがある者の電子メールの保全と分析は重要となる。また、不正に関与した疑いがある者が利用しているサーバーのデータ、パソコンなど内部のデータ等の保全及び調査も重要となる。例えば、電子メールの場合は、大量の電子メールを分析し、関連しそうな電子メールに絞ることになるが、実際には人間だけではできない作業のため、専用のソフトを活用して関連性が高い電子メールを抽出し、分析することになる。

② 情報の信頼性

　「どの程度、正確かつ検証可能で客観性のある情報源から得られた情報なのか」で判断する。これは証拠の形態、原本との同一性の検証等で確認できる[6]。

　データの真正性を確保するために、適切な保全を実施することが重要となる。とりわけ米国法におけるディスカバリー制度の対応が必要な場合にはデータの保全などに注意を払う必要がある。

---

4)　松澤総合会計事務所『実務事例　会計不正と粉飾決算の発見と調査』254頁（日本加除出版、2017年）。
5)　日本公認会計士協会編『不正調査ガイドライン』113頁（日本公認会計士協会出版局、2017年）。
6)　日本公認会計士協会編『不正調査ガイドライン』114頁（日本公認会計士協会出版局、2017年）。

　データの分析に際しては、データの改ざんの有無や真偽について検討することも重要となる。不正を行う者のなかには、自らの電子メールやファイルが調査されることを理解していて、意図的に調査を混乱させるような内容の電子メールやファイルを作成したり、電子メールやアクセスログを削除、改ざんしている場合もある。データの信頼性については、そのときどきの状況や他のデータとの整合性を確認するなど、注意を払う必要がある。電子データでは電子署名を利用することにより、その文書が作成以後改ざんされていないことを保証することも可能であり、そのような技術の活用も考えられる。

　不正に関与した者によるデータの削除や改ざん等に備えて、普段からアクセスログや操作ログの保全、データのバックアップをしておくとともに、調査作業に入る場合、ただちに適切にデータを保全することが重要となる。

③　情報の適時性

　入手した情報と仮説の内容の時間的な関連性・整合性の程度であり、主に調査対象となる不正の発生時点と、調査手続により入手可能な情報の作成時点・基準時点の一致の程度である[7]。

　時系列についての分析では、主に内容に関する時間的な関連性・整合性の程度が問題となる。ただ、電子データについてはまた、違った情報における適時性の問題がある。

　例えば、「文書を作成した」と主張している時点では提供されていなかったフォントで文書が作成されていた事例では、X国の首相が自らの潔白を証明するために裁判所に提出した文書について、文書の日付の時点では提供されていなかったフォント「Calibri」が使われていた。そのため、裁判所では文書が偽造されたものと結論づけた[8]。

　電子ファイルでは、時刻認証を利用したタイムスタンプを付すことにより、文書を作成した日時を保証することが可能であるが、まだ多くは利用されていない。

　電子ファイルでは、以上のように文書に関する属性情報をもっている場合があり、情報の信頼性、情報の適時性について分析することが可能となる。

---

7)　日本公認会計士協会編『不正調査ガイドライン』114頁（日本公認会計士協会出版局、2017年）。

8)　exciteニュース「Microsoftのフォント「Calibri」が文書偽造の証拠に（2017年7月15日）」（https://www.excite.co.jp/news/article/Slashdot_17_07_14_223236/）

すぎるのもよくない。過去の経験をもとにしながら、それをいったん批判的に考えて、それでも問題がなさそうであれば、仮説として置き「その仮説が適切であるかどうか」、データにもとづき検証することになる。

仮説に構築にあたっては、次の事項を検討することが重要となる[9]。

• 誰が	不正関与者	Who
• 誰とともに	共謀者、不正関与者	With who
• なぜ	動機・プレッシャー・目的	Why
• いつ	不正実行の期間、日時	When
• どこで	場所	Where
• 誰に対して	被害者	To whom
• どんな方法で	手段、手口	How
• 何をしたか	結果	What

上記のような仮説検証のための調査手段の一つとしてデジタル・フォレンジックが活用される。

⑥ 結果のとりまとめ

仮説を検証した結果を実態調査報告書の作成を行うためにまとめる。

⑦ 実態調査報告書の作成

実態調査の結果をまとめ、これを基礎として、是正措置案の提言や公表用報告書等の作成を行う。

3.1.4 まとめ

不正調査においては、初動調査、実態調査の局面でデジタル・フォレンジックが活用されることが多い。組織における情報の多くが電子データ化されるこ

---

9) 日本公認会計士協会編『不正調査ガイドライン』130頁（日本公認会計士協会出版局、2017年）。

とのみならず、スマートフォンや SNS がより活用されることが想定される。そのため、膨大な電子データのなかから、不正への関連性の高い情報を効率よく発見し、分析することが求められる。また、情報技術の進歩にあわせて、デジタル・フォレンジックに関するツールの発展も進むだろう。例えば、深層学習を活用した文書の内容を分析したり、文書間の相関を分析するツールの利用が当たり前になってくるだろう。このようにして、不正調査におけるデジタル・フォレンジックの重要性はより高まっていくだろう。

3.2 情報漏洩事案でデジタル・フォレンジックはどう使われるか

3.2.1 情報漏洩に備えてセキュリティ対策はどうあるべきか

(1) 情報漏洩はなくならない

　個人情報の漏洩が、注目されるようになったのは、1990 年代の後半からである。現在では、頻繁にニュースで報じられているが、例えば平成のはじめ(1988 年頃)には、企業の個人情報漏洩が新聞などで報じられることはほとんどなかった。漏洩がなかったからではなく、ニュースとして関心をもたれなかったからである。

　デジタル・ネットワークが広く普及している現在では、一度公開された情報は、後から完全に消し去ることができない。自分が知らないうちに、思いもかけないような形で自分のことを知られてしまうおそれがある。政府や企業における個人情報の取扱いに、慎重さが求められるようになったのは、当然である。

　しかし一方で、自分のことを他人に知ってもらうということは、社会のなかで生きていくために不可欠なことである。もし、情報を完全に管理できると考えているとしたら、それは幻想である。個人情報に限らず、情報は一定の確率で予想のできない流通をしてしまうからである。

　そこで重要なのは、「どのような情報がどのように収集、保存、伝達されて

いるか」を、できるだけ正確に把握できるようにすることである。そして、これを有効に行うためには、デジタル・フォレンジックの技術が欠かせない。

(2) 情報漏洩の種類

　情報漏洩には、「組織の内部者が原因のもの」と「外部からの攻撃によるもの」がある。そして、内部者が原因のものには「内部者の過失によるもの」と「故意によるもの」（内部犯行）がある。また、外部からの攻撃にも、「物理的に外部者が侵入して行うもの」と「ネットワーク経由などの遠隔で行われるもの」があり得る（表3.1）。

表 3.1　情報漏洩の主な原因

漏洩経路 \ 人的要因		内部		外部
		過失	故意	
直接	システム	設定などのミス	複製→持出し	侵入→操作
	記憶媒体	紛失	持出し	侵入→持出し
遠隔	不正アクセス	－	不正使用	いわゆるハッキング
	マルウェア	暴露・ボットなど	ボットなど	ボットなど

　情報漏洩で最も件数が多いのは、内部者の過失によるものである。しかし、特に深刻な被害を生じるのは、内部犯行による持出しと、外部からの本格的なサイバー攻撃であろう。

① 内部犯行による持出しの例（ベネッセ）

　内部犯行による持出しの例としては、教育産業大手ベネッセコーポレーションにおいて顧客情報が流出した事案が有名である。これは、ベネッセの顧客情報約3,504万件が、ベネッセのシステム開発・運用を行っていたグループ会社の委託先の従業員（SE）によって、顧客などの個人情報を管理するデータベースから不正に持ち出され、名簿業者に販売されたものである。

②　外部からのサイバー攻撃の例（日本年金機構）

　外部からのサイバー攻撃の例としては、日本年金機構の事件を挙げることができる。送付された電子メールに添付されたマルウェアによって、機構が保有している個人情報（基礎年金番号、氏名、生年月日、住所等）の一部（約125万件）が外部に流出した。これは、外部からの標的型攻撃によって個人情報が大量に流出したことが現実に確認された初めてのものといわれている[10]。

(3)　各事例におけるセキュリティ対策

①　ベネッセ

　事件発生当時のベネッセでは、対策として、入退室管理、監視カメラ、ワイヤーロックによる施錠、持出し禁止、認証IDパスワードの定期更新、端末設定の変更禁止、外部ストレージの制御などの情報セキュリティ対策や、従業員などへの情報セキュリティ等に関する教育や研修が行われていた。ただし、外部ストレージの制御にバグがあったため、情報を持ち出したSEが使っていたスマートフォンには書き出せる状態であった。

　また、データベースなどへのアクセスについては、アクセスログ及び通信ログがとられ、一定の閾値を超える場合にアラートが出る仕組みになっていた。ただし、対象範囲が明確になっていなかったため、アラートが機能しなかった。

　ベネッセがとっていた対策は、当時の一般的な水準を下回ってはいないと考えられるが、モニタリングやアクセス管理等の甘さを突かれたために、情報漏洩が生じている。その他の背景として、アクセス権限管理の不足や、性悪説にもとづいた徹底管理を行っていなかったこと等も指摘されている[11]。

---

10)　サイバーセキュリティ戦略本部「日本年金機構における個人情報流出事案に関する原因究明調査結果」（平成27年8月20日）1頁（https://www.nisc.go.jp/active/kihon/pdf/incident-report.pdf）。
11)　ベネッセホールディングス「個人情報漏えい事故調査委員会による調査報告について」（平成26年9月25日）5〜7頁（https://blog.benesse.ne.jp/bh/ja/news/m/2014/09/25/docs/20140925リリース.pdf）。

② 日本年金機構

事件発生当時の日本年金機構では、基幹系システムをオフラインで運用しており、外部のネットワークとの接続を行っていなかった。しかし、2010年以降に業務システムから LAN システムにデータをコピーして作業することが常態化しており、約55万件のデータがアクセス制限のかかっていない状態にあった。また、アクセスログなどの採取は行われていたが、モニタリングが不十分だったことや、対応指針や決定権者の明確化が不十分だったことが指摘されている。特に、インシデントの発生を示唆する情報があったにもかかわらず、その情報をもとに対策の実施を決定できる者がいなかったため対応が遅れたとされている[12]。本件では、①イレギュラーで危険な処理が日常化しておりこれを止める仕組みがなかったこと、②インシデントの発生を示唆する情報があったのに対応する意思決定ができなかったことが、特に問題であったと考えられる(表3.2)。

3.2.2 情報漏洩に関する法制度はどうなっているか

(1) 情報漏洩に関する法的責任

情報漏洩に対する法制度的な対応としては、「①被害者救済」「②安全性の向上」「③透明性の向上」の3つのアプローチが考えられる(表3.3)。

まず、「①被害者救済」に関しては、個人情報が漏洩した場合にその個人情報の本人が、情報を保有していた事業者などに損害賠償請求などの補償を求めることが考えられる。事業者の安全管理措置が不十分であったことから個人情報を漏洩された本人に損害が発生した場合には、当該事業者に対して不法行為責任が問われることがあり、実際に訴訟が提起されている。また、企業にこのような行為を防止する契約上の義務があるにもかかわらず、これを怠ったために損害が生じたのであれば、債務不履行責任を問われる場合もある。

---

12) 厚生労働省「日本年金機構における不正アクセスによる情報流出事案検証委員会検証報告書について」(平成27年8月21日)10〜13頁(https://www.mhlw.go.jp/stf/shingi2/)。

表 3.2　ベネッセと日本年金機構の比較

	ベネッセ	日本年金機構
漏洩形態	内部(委託先従業者)による故意の持出し	外部からの標的型攻撃(マルウェア)
セキュリティ体制	入退室管理、監視カメラ、ワイヤーロックによる施錠、持出し禁止、認証 ID パスワードの定期更新、端末設定の変更禁止、外部ストレージの制御等	オフラインの基幹系システムでの管理、メール・アクセスログの採取
問題点	モニタリングとアラートの不足、書出し制御のバグ、きめ細かなアクセス権限管理の不足	2010 年以降 LAN システムにコピー(アクセス制限のないデータ約 55 万件)、モニタリング、対応指針、決定権者の不在
特記事項	「具体的なリスクと想定したうえでの、二重、三重の対策を講じるといった徹底的な体制までは構築できていなかった」 「社内の人間が悪意をもって大量の個人情報を持ち出すことはあり得ないという意識をもっていた可能性が高い」	「情報セキュリティアドバイザーには、統括情報セキュリティ責任者が所属する部署内の、情報セキュリティスペシャリストなどの資格を有する職員 1 名が任命されていたが、この職員は役員や管理職等の判断件者に対して率直に進言できるような職位にはなかった」

出典)　ベネッセホールディングス「個人情報漏えい事故調査委員会による調査報告について」(平成 26 年 9 月 25 日)及びサイバーセキュリティ戦略本部「日本年金機構における個人情報流出事案に関する原因究明調査結果」(平成 27 年 8 月 20 日)、厚生労働省「日本年金機構における不正アクセスによる情報流出事案検証委員会検証報告書について」(平成 27 年 8 月 21 日)をもとに作成。

　次に、「②安全性の向上」「③透明性の向上」は、個人情報保護制度における事業者に対する規制によって具体化される。例えば、個人情報保護法は、個人情報取扱事業者に安全管理措置義務を課しているし、2015 年改正では、トレーサビリティのための制度が導入されている。

(2)　データ侵害通知

　データ侵害通知の制度は、米国カリフォルニア州で最初に導入されたといわ

表3.3 情報漏洩に関する法的アプローチ

アプローチ	概要
①被害者救済	損害賠償請求：不法行為責任、補償等
②安全性の向上	情報セキュリティ義務：安全管理措置義務
③透明性の向上	データ侵害通知：監督機関、本人への通知
	トレーサビリティ：情報の取得や提供の記録義務

出典) Kaori Ishii and Taro Komukai, A Comparative Legal Study on Data Breaches in Japan, the U.S., and the U.K., *IN TECHNOLOGY AND INTIMACY: CHOICE OR COERCION*, pp.86–105(David Kreps, Gordon Fletcher, and Marie Griffiths ed., 2016)をもとに作成。

れており、現在では、ほとんどの州にデータ侵害の通知に対する義務を定めた法律がある。2002 年に制定されたカリフォルニア州セキュリティ侵害通知法は、暗号化されていない(500 人を超える)個人情報が権限のない者によって取得されたり、取得が疑われたりする場合に、州居住者に通知することを企業や州政府機関に求めている。実際の制度運用では、データ侵害通知の情報をもとに、情報セキュリティ対策を向上させたり、被害を防止したりすることも重視されている。

　データ侵害通知の制度は、EU が 2018 年 5 月に導入した一般データ保護規則(GDPR)にも盛り込まれている。個人データの侵害[13]を所轄監督機関などに通知すること、また特定の場合においては、侵害により個人データが影響を受けている個人に通知することが求められる。

　わが国の個人情報保護法には、データ侵害通知にあたる制度は存在しないが、個人情報保護委員会がガイドライン[14]で、漏洩などの事案が発生した場合には、早急に対策を講ずるとともに、表3.4 のようなデータ侵害通知をすることを推

---

13) 「偶発的又は違法な、破壊、喪失、改変、無権限の開示又は無権限のアクセスを導くような、送信され、記録保存され、又は、その他の取扱いが行われる個人データの安全性に対する侵害(GDPR4 条(12))」(「個人情報保護委員会」の仮日本語訳(https://www.ppc.go.jp/files/pdf/gdpr-provisions-ja.pdf)による)。

表 3.4　個人情報保護委員会が推奨するデータ侵害通知

影響を受ける可能性のある本人への情報提供等	漏えい等事案の内容等に応じて、二次被害の防止、類似事案の発生防止等の観点から、事実関係等について、速やかに本人へ連絡し、又は本人が容易に知り得る状態に置く。
事実関係及び再発防止策等の公表	漏えい等事案の内容等に応じて、二次被害の防止、類似事案の発生防止等の観点から、事実関係及び再発防止策等について、速やかに公表する。
個人情報保護員会への報告	事実関係及び再発防止策等について速やかに報告する。

出典）　個人情報保護委員会「個人データの漏えい等の事案が発生した場合等の対応について（平成 29 年個人情報保護委員会告示第 1 号）」をもとに作成。

奨している。

(3)　トレーサビリティ

　2015 年の個人情報保護法改正によって、個人情報の第三者提供を行う者には、「当該個人データを提供した年月日、当該第三者の氏名又は名称その他の個人情報保護委員会規則で定める事項に関する記録」の作成と一定期間の保存が義務づけられた (25 条)。そして、第三者から提供を受け取る者にも、提供者の氏名・名称及び住所 (法人の場合は代表者の氏名) と当該個人データの取得の経緯を確認し、記録・保存することが義務づけられている (26 条)。これは、個人情報のトレーサビリティを高めることで、本人から正当な手続を踏んで収集されていない個人データが名簿事業者などによって流通されないようにすることを主目的として導入されたものである。

---

14)　個人情報保護委員会「個人データの漏えい等の事案が発生した場合等の対応について（平成 29 年個人情報保護委員会告示第 1 号）」(https://www.ppc.go.jp/files/pdf/iinkaikokuzi01.pdf)。

3.2.3 情報漏洩に関する課題は何か

（1） 情報漏洩とデジタル・フォレンジック

　基本的なデジタル・フォレンジック技術としては、不正侵入などが行われた場合にその証跡をたどるもの（ログデータ復元、侵入経路切り分け、不正監視等）、証拠を収集するためのもの（パスワード解読、IP トレースバック、不正追跡等）、証拠としての正当性を確保するためのもの（真正性確保など）等がある[15]。情報漏洩の防止（通常時）と情報が漏洩してしまった際の対応（インシデント発生時）において、インシデントに関する情報を適切に収集し、真正性が損なわれないように保存することが重要である。

　まず、通常時においては、セキュリティ対応、モニタリング体制の確保とその記録を的確に行うことが必要である。個人情報保護法が求めるトレーサビリティ確保のための記録も、適正に保管・保全されることが望ましい。また、インシデント発生時には、インシデントの分析、漏洩可能性のあるデータの判別等にもデジタル・フォレンジック技術が利用され得る（表 3.5）。

表 3.5　情報漏洩とデジタル・フォレンジック

	証跡の追跡	証拠収集	証拠保全
通常時	不正監視などのモニタリング	モニタリング記録、アクセス記録等の保存	モニタリング記録、アクセス記録等の保全（真正性確保）
インシデント発生時	ログデータ復元、侵入経路切り分け等	パスワード解読、IP トレースバック、不正追跡等	モニタリング記録、アクセス記録等の保全（真正性確保）

---

15) 小向太郎『情報法入門　デジタル・ネットワークの法律』67 頁（NTT 出版、第 4 版 2018 年）。

(2)　情報漏洩訴訟と原因究明

　情報漏洩に関しては既に数多くの訴訟が提起されており、今後さらに増える
ことが予想される。訴訟対応においては、インシデント発生時に情報を適正に
取得・解析・保存することが重要であり、デジタル・フォレンジック技術はま
さにそのためのものである。情報漏洩への対応においても、デジタル・フォレ
ンジック技術を活用することが必須になっていくと考えられる。

　また、訴訟との関係では、分析及び対応の結果を適切な表現で公表すること
も重要になってくる。大きな情報漏洩が発生した場合には、専門家から成る委
員会などを組織して調査を行い、原因やとられるべきだった対策が示されるこ
とが多い。例えば、ベネッセの事案に関する裁判の判決において専門家委員会
による報告書が引用され、ベネッセ及びグループ企業の行っていた情報セキュ
リティ対策について「本件顧客情報の管理に不備があるとともに、被害が拡大
したことの一因として、同社等の対応の不備が指摘できるのであり、これらの
点で、本件における被害者側の落ち度は大きい」と評価している[16]。

　情報漏洩が起きているのだから、何らかの不備があったのは当然である。事
故に関する調査では、「どのような不備があったのか」を明確にする必要があ
る。しかし、情報セキュリティ対策を考える際に、費用対効果を抜きに無限に
コストを投入することはあり得ない。問題とすべきなのは、「技術レベルやコ
ストの点で企業がとるべき対策をとっていたかどうか」である。

　裁判官は技術の専門家ではなく、一般に技術レベルに関する相場観をもって
いない。報告書に「情報セキュリティ対応上の不備があった」と書かれていれ
ば、「管理者の過失があったのだ」と素直に理解してしまう。こうした情報を
公開する際には、コストや業界における対応レベルを踏まえて、「とられてい
た対策がどのように評価されるのか」を客観的に記述することも考えるべきで
ある。

---

16)　東京高判平 29 年 3 月 21 日高刑集 70 巻 1 号 10 頁。

(3) 今後の課題

　情報漏洩は不可避的に生じるため、予防とともに事後的な対応も重要になる。データ侵害通知の制度は、企業などが情報漏洩を起こさないように注意喚起をするためのサンクションとして意識されることもあるが、むしろ情報の公開によって事前・事後両方における対応を促すことが重要である。

　インシデント対応によって取得した情報は、情報漏洩後の対応にも有効に活用できる可能性がある。「どのような情報が漏洩した可能性が高いのか」「攻撃者としてどのような者が想定されるか」といった情報を情報セキュリティ対策や犯罪被害防止に役立てることも重要である。当該企業や漏洩情報の本人だけでなく、それ以外の関連業界や関連団体が活用することで、有効な事後対策につながる可能性がある。

　そこで、「このような情報の共有が、個人情報保護制度上許容されるのかどうか」が問題となる。わが国の個人情報保護法では、個人データの第三者提供には原則として本人の同意が必要であり、インシデント対応はその他の例外事由(23条)には基本的に該当しない[17]。

　EU の GDPR(一般データ保護規則)では、適正なインシデント対応のための情報共有は、管理者の「正当な利益」として許容され得る。ただし、個人情報の取扱いを始める際に、このような利用を行うことを本人に伝えることが必要であり、本人から異議申し立てがなされる可能性はあるが、このような個人データの利用が明確に適法であることが示されていることの意味は大きい(前

---

17)　第23条「個人情報取扱事業者は、次に掲げる場合を除く他、あらかじめ本人の同意を得ないで、個人データを第三者に提供してはならない。
　一　法令に基づく場合
　二　人の生命、身体又は財産の保護のために必要がある場合であって、本人の同意を得ることが困難であるとき。
　三　公衆衛生の向上又は児童の健全な育成の推進のために特に必要がある場合であって、本人の同意を得ることが困難であるとき。
　四　国の機関若しくは地方公共団体又はその委託を受けた者が法令の定める事務を遂行することに対して協力する必要がある場合であって、本人の同意を得ることにより当該事務の遂行に支障を及ぼすおそれがあるとき」

文 49)。わが国の個人情報制度においても、このような情報の利用や共有について明確なルールを定めるべきであろう。

3.3 企業での情報管理にデジタル・フォレンジックをどう使うのか

3.3.1 クラウド時代の情報管理

　企業での情報管理は、情報の重要度に応じた保管方法や情報利用時の記録、不要となった情報の廃棄方法等を取り決め、ルールどおりに運用することが基本である。情報のライフサイクルはおおまかに「生成→利用→保存→廃棄」の4つの段階があるが、情報管理の対象が紙媒体だった当時と、クラウドサービスの利用が進んだ現在では、情報管理の力点の置き方が異なっている。

　現在では、ドキュメントの生成段階から電子メールや SNS 等、コミュニケーションツールを使って議論され、クラウドサービス上で複数の人が同時に作業を行うことも珍しくない。この情報が生まれる段階での議論や知見は、競合他社や取引先にとっても価値のある戦略的な意味をもつ情報であり、守るべき情報といえる。

　しかし、この情報を堅く守るだけでは企業の競争力の源泉であるビジネスのスピードを損なうことに繋がりかねない。クラウドサービスを利用しつつ、情報セキュリティを適切に維持するような、一見すると相反する課題に取り組まねばならない。

　クラウドサービスの利用を前提した情報管理に力点を置くことは、多くの企業にとって難しい問題である。一方でクラウドサービス利用に適した企業の情報管理を導入していくことは、情報漏洩やマルウェア感染時に必要となるインシデント対応を容易にするだけではなく、デジタル・フォレンジックをより効果的に活用できる副次的な効果があるため、興味をもたれた方にはぜひご検討を勧めたい。

3.3.2 デジタル・フォレンジックと企業の情報管理の関係

コンピュータ・フォレンジックやネットワーク・フォレンジックの現場では、さまざまな専門ツールを組み合わせて作業が行われる。このツール類は情報漏洩インシデントなどの事後対策として、専門業者らが使うものであって、企業の情報システム担当者が普段から活用するには難易度が高く、デジタル・フォレンジックのツール類を、企業の情報管理にそのまま活用することは現実的とはいえないのが実態である。むしろ、情報のライフサイクルの各段階でデジタル・フォレンジックが必要となる場面を想定した情報管理を行うことを勧めたい。

デジタル・フォレンジックを行う現場の悩みとして、ハードディスクの解析や電子メール等の情報分析に想像以上の時間と費用がかかるうえ、保存している情報が不完全な場合は、さらなる調査が必要となるなど課題も多い。しかし、いつ必要になるかわからないデジタル・フォレンジックを容易に行うために情報管理のあり方を変えるのは本末転倒である。

むしろ、多くの企業のIT基盤がクラウドサービスに移行しつつある現状を好機と捉えて、クラウドサービスの利用に適した情報管理ツール類を導入し運用することを勧めたい。これにより、効率的なデジタル・フォレンジックが可能となるだけではなく、不正や情報漏洩の早期発見や未然防止につながるメリットがあることを強調したい。

本章では、企業の情報システム担当者が利用すべき情報管理のツールとして、EDR(Endpoint Detection and Response)やCASB(Cloud Access Security Broker)、端末管理ツールを紹介する。これらツール類は事後対策としてのデジタル・フォレンジックと相乗効果が期待できるだけではなく、クラウドサービスを積極的に活用する企業の生産性向上にも貢献できるものである。

3.3.3 デジタル・フォレンジックにも有効な情報管理ツール

デジタル・フォレンジックを行う際の大変さは、調査対象となる端末管理やセキュリティ対策の実施状況によっても異なってくる。また、企業のIT基盤

がオンプレミスからクラウドサービスに移行しつつある現状を踏まえ、社員が利用する「端末管理」と「端末のセキュリティ管理」、さらに社外のクラウドサービスでの情報漏洩などを監視する「クラウドセキュリティ管理」について次の3つのツールを紹介したい（**図 3.2**）。

① 　端末管理：IT 資産管理ツール、スマートフォン等のモバイル端末向けには MDM（Mobile Device Management）として普及

② 　端末のセキュリティ管理：EDR

③ 　クラウドセキュリティ管理：CASB

①〜③の詳細を解説すると以下のとおりである。

①　端末管理

1つ目は、端末管理ソフトである。2000年前後から社員一人1台のパソコン環境が普及し、面的に散らばった多数のパソコン管理を、情報システム部門が一元的に管理できるツールとして普及した。IT 資産管理ツールは時代の要請とともに変化をとげ、パソコンに外部記憶媒体を接続して個人情報を抜き出せないよう、USB ポートからの情報の書出しを禁止する設定を行うなど、基本

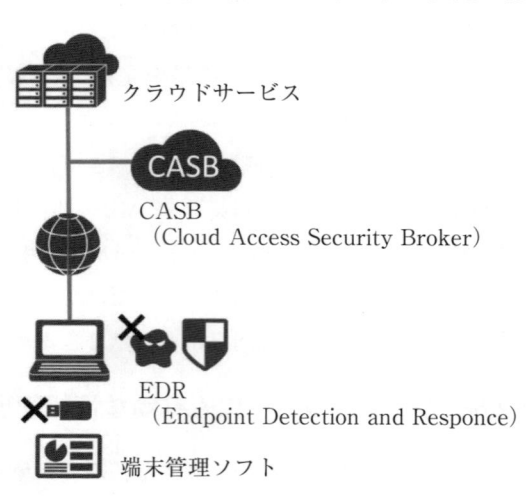

図 3.2　デジタル・フォレンジックにも有効な情報管理ツール

的なセキュリティ対策にも活用されるようになった。

　情報管理の基本である「端末管理(情報の器)」を確実に行うことで、情報漏洩を未然に防止するだけではなく、デジタル・フォレンジックにかかる時間とコストを削減することができる。近年ではモバイル端末の普及に合わせてMDMが普及し、端末紛失時には、遠隔で情報を削除する「リモートワイプ機能」などを利用することで、企業のBYOD端末に採用されている。

②　端末のセキュリティ管理

　2つ目は、EDRである。働き方改革の浸透に伴い、社員の業務環境も自宅や外出先等が増え、企業ネットワークを中継せずインターネットに接続し、クラウドサービスを利用するケースなど、パソコンなどの端末自身のセキュリティ対策を強化する必要性が増しており、端末のセキュリティ管理ツールとしてEDRが注目されている。

　サイバー攻撃は日々巧妙化しマルウェア対策ソフトでは発見困難なマルウェアが増加しており、水際でマルウェアの侵入を食い止める対策から、パソコンなどの端末内のファイルアクセスなどの挙動を監視し、マルウェアを検知する対策に移り変わってきている。このEDRを活用することで、ファスト・フォレンジックが容易となるため、端末のセキュリティ管理ツールとしてEDR紹介したい(**3.3.5項**)。

③　クラウドセキュリティ管理

　3つ目はCASBである。企業では働き方改革の実現や生産性の高いIT環境を求め、クラウドサービスを利用するケースが増えている。社内ではクラウドサービスの利用を禁止していても、取引先企業からコラボレーション用のツールとして、クラウドサービスを指定される場合があり、自社の都合だけで情報管理を行うことが困難になりつつある。

　クラウドサービスを積極的に利用するうえで、気になる情報漏洩など情報管理面でのリスク対策について解説したい(**3.3.6項**)。

3.3.4　端末管理ソフトとデジタル・フォレンジックの関係

　端末管理ソフトはパソコンやスマートフォン等の端末にインストールして使用するソフトウェアで、複数のパッケージソフトが市販されている。ハードウェアやソフトウェアの管理を行うための基本機能に加えて、USB ポートの使用制限などハードウェアの機能制限や、認めていないソフトウェアのインストールを防止する機能があり、この機能を活用することで効率的な IT 資産管理の実現に加えて、情報漏洩やマルウェア感染の未然防止が可能となる。この端末管理ソフトを導入し適切に運用することで、不幸にしてインシデントが発生した際にも、影響範囲を絞り込むことが可能になり、迅速な対応、つまりデジタル・フォレンジックにかかる時間もコストも大幅に減らすことができる。

　情報漏洩やマルウェア感染事案におけるデジタル・フォレンジックの経験者が共通して反省する事項には「IT 資産管理の徹底」が多いのではないだろうか。実際問題として、被害範囲を特定するために行う記憶媒体の解析やネットワーク機器のログの分析は、当事者の想像以上に時間とコストがかかるものである。

　例えば、ログを保存していない管理者不在状態のサーバーが侵害された場合は、侵入経路を特定するために、ネットワーク経由の侵入か、又は USB メモリなどの外部記憶媒体経由なのか、事実を突き止める必要がある。そのためには、侵害されたサーバーと直接又は間接に通信を行う機器のログを洗い出して分析していく必要がある。

　仮にこの侵害されたサーバーの USB ポートを使用禁止に設定変更していたら、少なくとも侵入経路は1つ減ることになる。つまり、デジタル・フォレンジックを行う範囲も限定され、調査時間もコストも削減される。同様にこのサーバーにアクセスできるユーザーや IP アドレスが限定されていたら、調査を行う対象デバイスもぐっと減ることになり、より迅速なデジタル・フォレンジックが可能となる。

　端末管理ソフトのなかには EDR と同様の機能を搭載するものもあり、目的

に応じた選択が可能となっている。

3.3.5　EDR とデジタル・フォレンジックの関係

　EDR は Endpoint Detection and Response の略称で、これもパソコンなどの端末にインストールして使用するソフトウェアである。一般に利用されているマルウェア対策ソフトは端末の水際でマルウェアの侵入を未然に防ぐことが目的であるが、この EDR はパソコンなどの端末に侵入したマルウェアの特徴的な振る舞いを検知することで脅威の侵入を可視化する。また、マルウェア感染時は端末をネットワークから隔離する遮断機能も備えており、マルウェア感染などのインシデントが発生した際も、迅速なインシデント対応が可能となる。

　昨今のサイバー攻撃は巧妙化しており、マルウェア対策ソフトのパターンファイルを最新化しても検知できない場合があり、より高度な攻撃に対応する目的で EDR の導入が進んでいる。

　EDR を導入している環境では導入前と比較して、迅速なインシデント対応が可能となることに加え、「ファスト・フォレンジック」(2.7 節参照)とよばれるデジタル・フォレンジックの時間短縮が可能となる。これは、法的な証拠性を強く求めない場合や、マルウェアの二次感染などの被害拡散を防止するため、早期に調査や分析を行いたい場合に効果を発揮する。

　EDR はベンダーにより機能が異なるが、多くは端末に侵入したマルウェアの挙動を分析するため、端末内のファイルアクセスの記録や、通信したプロセスの情報、レジストリの変更履歴などの情報が、管理サーバーに記録されている。従来のデジタル・フォレンジックで行われている HDD などの記憶媒体の解析では得られにくい情報が、端末がシャットダウンされている状態でも過去に遡って調査可能となるため、EDR はファスト・フォレンジックを行ううえでも強力なツールとなる。

3.3.6　CASB とデジタル・フォレンジック

　CASB は Cloud Access Security Broker の略称で、米国の調査会社 Gartner

が提唱したクラウドセキュリティ対策の新しい概念である。

　自社オンプレミスのシステムをクラウドサービスに移行する場合や、クラウドサービスを利用して新しいプロジェクト立ち上げる場合は、経営者や顧客等ステークホルダに対して、クラウドサービス上で適切な情報管理が行われている旨を説明しなければならない。また、情報漏洩のリスクがある場合には、ファイルアクセスを禁止し、特定の通信を遮断するような運用も求められる。自社システムやサーバーでできていたことを、社外のクラウドサービスでもできるように支援してくれるのが CASB である。

　Gartner の分類によれば CASB には 4 つの実装モードがある。いずれの実装モードでも「可視化・脅威からの防御・コンプライアンス・データセキュリティ」の 4 つの機能を提供する。この機能を活用することで、外部のクラウドサービスを活用する場合であっても、自社のポリシーを適用したクラウドサービスの運用を可能とするのが CASB の特徴である。しかし、CASB の製品によって対応できるクラウドサービスが異なるため、実際に利用される場合には注意が必要である。

　CASB はクラウドサービス上のファイルアクセスの履歴を細かく記録し、必要に応じたアクセス制限ができるため、デジタル・フォレンジックが必要となった場合も、初動が円滑に行えるメリットがある。

　当然ながら、CASB を導入する際は、オンプレミスのシステム監視と同様に、利用するクラウドサービスに監査ログなどの設定が必要となる。CASB を適切に設定することで、クラウドサービスが出す大量のログ情報を可視化し、ポリシー違反のファイルアクセスにアラートを出し、遮断するなどの運用支援を行ってくれる。

　しかし、CASB はあくまで支援ツールであり、情報管理が疎かな企業がクラウドサービスを利用した場合に、CASB を導入しても何かが改善するわけではない。むしろ、クラウドサービスの利用を好機と捉えて、情報管理のルールを整理し、運用できる体制と同時に CASB を導入するのがよいだろう。

3.4 第三者委員会でデジタル・フォレンジックはどう使われるか

3.4.1 調査委員会にはどのような種類があるのか

近年、企業において不正や不祥事が発覚すると、その調査を行う委員会が設立されることが一般的になりつつある。不正内容の調査を行って事実を究明し、不正が起きた原因や責任の所在などを明らかにすることがその役割である。

この調査委員会には「社内調査委員会」「外部調査委員会」「第三者委員会」といった種類がある。「社内調査委員会」は主に不正が小規模な場合に立ち上げられることが一般的である。委員会は社内のメンバーで構成されることがほとんどだが、場合によって外部の弁護士が委員を務める場合もある。

不正の規模が大きくなると、「外部調査委員会」が設立されることが多い。こちらは外部の弁護士、あるいは有識者が委員となるが、社内の人間が委員になることもある。これよりも不正の規模が大きい、あるいは調査対象に取締役など会社の上層部に含まれるといったケースでは、第三者のみで構成された「第三者委員会」が設立される。特に上層部が不正に関わっていた場合、社内の調査ではその調査結果に客観性や信頼性が欠けるためである。

これらの調査委員会で不正や不祥事の調査を行う際、全容解明や類似不正の有無の確認等を目的として、コンピュータ内部に保存されたデータ、あるいは関係者間で送受信された電子メールが調査の対象となることがある。そこで使われるのがデジタル・フォレンジックである。

実際にデジタル・フォレンジックによる調査は、委員会から委託された調査会社が行うことが一般的で、第三者委員会内での位置づけは「委員会補助者」となる。委員会からの指示を受けて調査を行い、その結果を委員会に報告するという立ち位置である。

3.4.2　フォレンジック調査の目的とは何か

　第三者委員会の設立目的にはさまざまなものがあるが、共通する内容として
は「全容把握と原因究明」「類似不正及びその他の不正の有無の確認」、そして
「再発防止策の提言」が挙げられる。このうち、特に全容把握と原因究明、類
似不正及びその他の不正の有無を確認するためにデジタル・フォレンジックが
使われる。

　具体的な利用シーンを見ていこう。まず、重要となるのが送受信された電子
メールの調査だ。前述したとおり、第三者委員会は粉飾決算や経営者の関与が
疑われる事案等、規模の大きな不正が発覚した際に設立されることが多い。こ
のような状況では関与者も大量になることが一般的であるため、細かなログを
参照して個々人の行動を追うよりも、それぞれの間で送受信された電子メール
をチェックし、不正の動機や手口、期間、関与者の範囲等、全体像を把握する
ことが重視される。

　こうして電子メールを調査する目的には、関係者に対して行うインタビュー
の事前情報を得ること、インタビューの裏づけをとること等がある。第三者委
員会では、不正の全容把握などを目的として対象者へのインタビューを行う。
この際に、事前に電子メール調査の結果から得られた情報をあらかじめ頭に入
れてインタビューに臨むのと、まったくの予備知識がないままインタビューに
臨むのとでは、その成果に大きな違いが出る。また、インタビューで聞き取っ
た内容と、デジタル・フォレンジックで調査を行った電子メールの内容を突き
合わせる。それにより、「供述に虚偽はないか」「事実と異なる点はないか」を
調査していくわけである。

　このような事実の裏づけの他、「書類が残っていない」、あるいは「当時の関
係者が辞職してインタビューできない」といったケースにおいてもデジタル・
フォレンジックが利用される。例えば、辞職した人間が利用していたパソコン
が残されていれば、それをデジタル・フォレンジックで調査することにより、
過去の不正に関するデータを参照できる可能性があるためである。

3.4.3 第三者委員会でのフォレンジック調査はどのように進められるのか

先に述べたように、第三者委員会が設立されるような大規模な不正の場合、電子メールに対する調査の重要性が増すことになる。そのため、まず事前準備として、電子メールを送受信するための環境(メールサービスやメールサーバーの運用、利用しているメールクライアント等)について、調査対象となる企業の IT 部門に対してヒアリングすることが一般的だ。

ここでポイントとなるのは、電子メールが保存されている場所である。すべて、あるいは大半の電子メールがメールサーバーに保存されている場合と、個人が業務で利用するパソコンに電子メールが保存されている場合では、証拠保全の方法に違いが生まれるためである。保存先がメールサーバーであれば、そこから取得できるものをすべて証拠保全し、調査用のプラットフォームに展開することになる。

逆にパソコンに電子メールが保存されているのであれば、まずそのパソコンを保全しなければならない。そしてできる限り削除済みデータの復元を行ったうえで、そこからメールデータをすべて抽出する。このメールデータとサーバー側に残っていた電子メールを、ハッシュ値を用いるなどの手法で突合せし、重複するものを省いて調査を行っていく。

電子メールの他、調査対象にスマートフォンが含まれる場合であれば、SMS (Short Message Service) や LINE 等のメッセージングアプリの送受信履歴などについても調査を行っていく。特に昨今ではスマートフォンを使ったコミュニケーションが広がっているため、これらを調査することの意義は大きい。第三者委員会による調査においては、電子メールなどのいわゆるコミュニケーションデータに焦点が当てられることが多いため、近年スマートフォンが調査対象に加えられるケースが増える傾向にある。

パソコン内に保存されているファイルが調査対象となることも当然あり、そこから不正の証拠となるものが見つかるケースも少なくない。例えば、外部の

業者と結託し、架空の請求書を使って横領を行っていた事案において、パソコンに保存されていた請求書が見つかるといったことがあった。また、裏金の管理簿や関係者での配分について記した書類が見つかった例もある。

　パソコンに対する調査では、ソフトウェアの使用履歴に関する調査も実施する。デジタル・フォレンジックで復元できないようにデータを消去する「データ消去ツール」を意図的に使っていないかの確認が主な目的である。例えば、パソコンに電子メールが保存されている状況において調査を行ったところ、特定の月のメールデータだけが見当たらないといったことがある。正当な理由があれば問題ないが、「通常の業務を行っていて電子メールが一切ない」というのはあまりに不自然だろう。当然、「何らかの理由があって証拠隠滅を図ったのではないか」と推察できる。逆に、インターネットの閲覧履歴などは第三者委員会による調査では行われないことが多い。もし行われるとしても本人の証言の確認や、特定の人物の行動を把握するといった場面で、インターネットの閲覧履歴を調査することがある程度である。

3.4.4　デジタル・フォレンジックを使った第三者委員会の調査はどのように進められるのか

　第三者委員会が立ち上げられると、まずキックオフミーティングが行われ、そこでそれぞれの委員やメンバーの役割の確認、そしてスケジュールの擦り合わせが行われる。その後も定期的にミーティングを委員会内で行い、進捗状況を確認し合うことになる。特に立ち上げ当初は、毎日ミーティングが行われることが多く、調査が進むにつれて隔日になるなど頻度が下がっていく。

　デジタル・フォレンジックを担当するメンバーにおいて、立ち上げ期で大切なのは迅速なデータの保全である。そのため、前述したメール環境の把握や必要なパソコンの保全を行うため、早急に調査対象企業の IT 部門の担当者にヒアリングしなければならない。ただし、第三者委員会は調査対象の企業と一定の距離を保つ必要があることから、実際には委員の許可を得てからコミュニケーションを図ることになる。

IT部門の担当者とコミュニケーションがとれた後は、メール環境や従業員が利用しているパソコン等について聞き取りを行い、そのなかで必要なデータをマッピングしつつ保全すべきデータを確定する。その後の作業をスムーズに進めるために、このタイミングでデータが保管されている場所を明確にする他、保全のために要する時間を検討しておくことも肝要だ。

必要なデータを保全した後は、レビューとよばれる作業を行っていく。このフェーズは、デジタル・フォレンジックを行う組織での一次レビュー、そして委員である弁護士などが内容を確認する二次レビューというように、段階を踏んで進めるのが一般的である。

一次レビューでは、調査対象の電子メールやドキュメントの内容に応じてタグづけを行う。不正などにつながる直接的な証拠となり得る内容であれば「Hot」、ストレートに証拠につながるものではないが不正との関係が疑われるものには「Responsive」のタグを割り当てるといった形だ。

このタグづけを容易に行えるように、一次レビューの前には明確な基準を設定し、それに従ってチェックすれば済むように擦り合わせておく。第三者委員会の調査でチェックするドキュメントや電子メールの量は膨大であるため、こうした擦り合わせを事前に行い、迷うことなく判断できるようにしておくわけである。

こうしてタグづけしたものに対し、第三者委員会の委員が二次レビューを行っていくのが次のフェーズである。ただし、委員の仕事量は膨大で、タイムリーに二次レビューが行えないケースも多い。そのような状況でクリティカルなドキュメントや電子メールが発見された場合、電話などで委員にコンタクトし、その場で判断を仰ぐといったこともある。

なお、調査内容によっては一次レビューであっても高度な知識が要求されることがある。タグづけの判断に会計知識が必要などといったケースである。このような場合は、必要な専門知識をもつ人材を確保したうえで一次レビューを行うか、あるいは一次レビューを飛ばして委員が直接レビューを行うといった形となる。

3.4.5　第三者委員会での調査にはどのような問題が発生するのか

　第三者委員会における調査において、問題となりやすいものの1つがスケジュールである。特に上場企業の場合、四半期決算に間に合わせることが重要なポイントとなる。決算報告書に調査結果を含め、その影響度合いまでを含めて報告することが求められるためである。

　このような背景から、第三者委員会の設立から調査結果の報告書の提出まで、長くても2カ月程度の猶予しかない。場合によっては数週間から1カ月での提出が求められるケースもある。そのため、第三者委員会は、全容の解明、そして類似不正の有無の確認を主眼に調査を行っていくことになる。ここで鍵となるのが調査のスコープであり、「何をどこまで調査すれば網羅的な調査となるのか」を委員会で判断していく。

　こうして決定した調査範囲に対し、デジタル・フォレンジックによる調査も追従することになる。一方で、デジタル・フォレンジックによる調査はその手法ゆえに時間がかかることも事実である。そのため、「迅速かつ効率的に作業を進めるためにどうすべきか」について、委員会と対象者、対象物の優先順位や範囲を協議・決定することはもちろんのこと、委員会とは別にデジタル・フォレンジックを担当するチームにおいても「作業手順やスケジュールをいかに組み立てるか」といった判断が求められることになる。

　「適切にデジタル・フォレンジックによる調査が行われたのか」について、外部の第三者によるチェックも行われる場合もある。第三者委員会が設置されるような案件でなおかつ対象が上場企業である場合、調査結果は決算報告書に記載される監査意見の内容にも影響を及ぼす。そのため、監査人は調査結果に至るまでの手続の適切性・充分性について確認することを望むのである。

　しかし、監査人には当然ながらデジタル・フォレンジックの細かな知識はないことがほとんどである。そのため、このチェックは監査人が所属する監査法人のデジタル・フォレンジック部門に協力を依頼され、デジタル・フォレンジックの専門家同士で進められるケースが一般的である。

　デジタル・フォレンジックによる調査のチェックは、具体的には調査の対象範囲や利用したツールやオペレーション等をヒアリングし、「適切に調査が行われたかどうか」を確認していく。ここで疑問点があれば質問を行い、「充分ではない」と判断された場合には追加作業を依頼するといったこともある。

　いずれにしても、第三者委員会による調査は時間に余裕がないケースがほとんどであるため、調査対象となるデータを効率的に処理することが求められる。そのため、このような調査に対応するうえでは適切な数の人員の確保はもちろん、それに対応するレビュー用のプラットフォームの構築が大きなポイントとなる。

3.5 犯罪捜査でデジタル・フォレンジックはどう使われるか

3.5.1 犯罪捜査の変化

（1）情報技術の進化が犯罪捜査にもたらす影響

　情報技術（IT）の著しい進化と普及に伴い、電磁的記録[18]を活用した犯罪捜査、あるいは電磁的記録を対象とした犯罪捜査が主流になってきている。

　電磁的記録は、誰でも容易に作成や削除、修正、改変、複写ができるため、適正な捜査を実施した証拠でなければ、後の公判において証拠能力が認められない場合もあり、電磁的記録を対象とした犯罪捜査には慎重な対応が求められている。そこで、適正な捜査を行うために、デジタル・フォレンジック[19]の活用が不可欠である。

---

[18]　刑7条の2において、電磁的記録とは、「電子的方式、磁気的方式その他人の知覚によっては認識することができない方式で作られる記録であって、電子計算機による情報処理の用に供されるもの」と定義されている。

[19]　警察庁は、デジタル・フォレンジックを「犯罪の立証のための電磁的記録の解析技術及びその手続」と定義している（国家公安委員会・警察庁『平成30年警察白書』112頁参照）。

　捜査機関である警察では、警察庁及び地方機関[20]において、都道府県警察が行う犯罪捜査に対し、デジタル・フォレンジックを活用した技術支援を行っている。また、解析が困難な電磁的記録に対しては、警察庁高度情報技術解析センターに配置された専門的な知見や技術能力を有する職員によって高度な解析を実施している。検察庁においても、2011 年 4 月、東京地検、大阪地検及び名古屋地検の各特捜部にデジタルフォレンジック班が設置され[21]、2017 年 4 月には、東京地検にデジタルフォレンジックセンター（通称、DF センター）が設置され、対応している。

(2)　デジタル・フォレンジックの重要性及びその内容

　電磁的記録が犯罪捜査に必要不可欠な現状に鑑みると、犯罪捜査においては、常にデジタル・フォレンジックを意識しておく必要がある。その内容としては、①電磁的記録が保存されている電子機器などの特定、②当該電子機器などの押収や電磁的記録の複写を行う証拠保全、③犯罪捜査に必要な電磁的記録の抽出や復元等の解析、④電磁的記録を解析した結果を記載した報告書の作成などの証拠化である。

　次項では、これら①～④について解説し、最後にアンチフォレンジックについても紹介する。

3.5.2　犯罪捜査におけるデジタル・フォレンジックの各手続の注意点

(1)　電子機器などの特定

　犯罪が発生した場合に、「どの電子機器が犯罪に使用されたか、あるいは被害に遭ったか」を判断し、特定する必要がある。犯罪に電子メールが使用され

---

20)　地方機関には管区警察局情報通信部、東京都警察情報通信部、北海道警察情報通信部、府県情報通信部ならびに方面情報通信部の情報技術解析課がある。

21)　最高検察庁「検察改革 3 年間の取組」(2014 年 3 月)5 頁(http://www.kensatsu.go.jp/content/000153523.pdf)参照。

ている場合は、電子メールが保存された電子機器などに加え、認証ログやアクセスログの取得、さらには、被疑者などによって電子機器などから削除されてしまった電磁的記録をサーバーから取得する場合もあるため、「どのメールサービスを使用しているか」の特定も必要になる。ファイル共有サービスを使用している場合も同様である。

よくある事例として、ある企業が営業秘密に関する情報を盗まれた場合を想定してみる。より具体的には、企業の従業員が使用する端末がマルウェアに感染し、当該端末を軸に他の端末にも次々に感染が拡大し、最終的にはファイルサーバーに保存されていた重要な情報が盗まれたとする。このケースでは、被害に遭った企業の規模にもよるが、大量に端末が存在する場合もあるため、早急に被害を封じ込めるとともに、被害に遭った端末すべてと、そのなかでも最初に被害に遭った端末を特定する必要がある。早急に被害に遭った端末を特定しなければ証拠保全を実施することができないし、最初に被害に遭った端末も特定しなければ犯罪に用いられた重要な痕跡である揮発性情報などが消滅してしまうからである。

被害に遭った端末を特定するには、多くの組織で導入されている SIEM（Security Information and Event Management）などを用いて行う。SIEM は、ネットワークセキュリティ機器から出力されるログの他、端末の操作履歴などを保存する EDR（Endpoint Detection and Response）から出力されるログ、各種サーバーから出力されるイベントログなどを集約して一括管理し、分析する機能を有しているため、さまざまなセキュリティインシデントに役立つ。

しかし、このようにログを一括管理していない組織では、捜査員が各端末から簡易的な情報を収集できるツールなどを個別に使用して、感染端末を特定するため、見逃しがあったり、重要な情報を収集できなかったりする。また、このような作業は、非常に非効率的であり、時間だけが膨大に消費されてしまうことから、**2.8 節**で紹介したように、ファスト・フォレンジックの実施を推奨している。ファスト・フォレンジックを実施するには事前の環境構築が重要になるが、事前にログを収集管理する仕組みを構築しておくことで、インシデン

ト発生時に、捜査員が各端末から個別に情報を収集する作業を実施しなくて済む場合がある。

(2)　証拠保全

　被害に遭った電子機器類や犯罪に使用された電子機器類の特定とあわせて、証拠保全を行う必要がある。電磁的記録が保存されている電子機器類の押収や電磁的記録の複写を行うには、強制処分の場合は、従来の捜索差押に加え、(a)記録命令付差押、(b)電磁的記録に係る記録媒体の差押、(c)リモートアクセスによる複写の処分が、任意処分の場合は、任意提出に対する領置や捜査関係事項照会に対する回答などがある。

(a)　記録命令付差押

　記録命令付差押は、従来の差押では、証拠として必要な電磁的記録が保存されているサーバーなどの操作について専門的な知見が必要な場合など、証拠収集の目的を十分に達成し得ないおそれがあり、また、サーバーなどの管理者の業務に著しい支障を来すおそれもあることから規定された。本差押は、プロバイダやホスティング事業者の電磁的記録の保管者など電磁的記録を利用する権限を有する者に命じて、必要な電磁的記録を他の記録媒体に記録させて、他の記録媒体を差し押さえる手続である（刑訴 218 条 1 項、99 条の 2）。ただし、この命令には罰則がないため、電磁的記録を利用する権限を有する者は拒否をすることができる。また、刑訴 220 条 1 項 2 号には、記録命令付差押が規定されていないため、逮捕の現場において、無令状で記録命令付差押をすることはできない点に注意すべきである。

(b)　電磁的記録に係る記録媒体の差押

　電磁的記録に係る記録媒体の差押は、従来の差押では、サーバーなどの記録媒体を差し押さえることにより被差押者の業務に著しい支障を来すおそれがあるし、他方で、差押者にとっても、サーバーなどの記録媒体を差し押さえるま

では必要なく、特定の電磁的記録を取得することができれば証拠収集の目的を達成できることから規定された。本差押は、記録媒体の差押に代えて、当該記録媒体に記録された電磁的記録を他の記録媒体に複写するなどして、他の記録媒体を差し押さえる手続である（刑訴 220 条 1 項、110 条の 2）。(a)記録命令付差押との違いは、当該電磁的記録の「移転」ができることであり、これによって、元の記録媒体の電磁的記録を消去することができる。また、刑訴 218 条又は 220 条の規定による押収手続が準用されているため（222 条 1 項）、逮捕の現場において、無令状でこの差押をすることができる点にも違いがある。

(c)　リモートアクセスによる複写の処分[22]

　リモートアクセスによる複写の処分は、従来の差押では、物理的に離れた場所に電磁的記録を保管することが極めて容易であるにもかかわらず、証拠として必要な電磁的記録が保管されている記録媒体を特定することが困難な場合も多く、特定できた場合であってもさまざまな場所にある多数の記録媒体を差し押さえなければならないことから規定された。本処分の対象は、差押対象物のパソコンなどにネットワークで接続している記録媒体のうち、そのパソコンなどで作成や変更をした電磁的記録又は変更や消去をすることができることとされている電磁的記録を保管するために使用されていると認めるに足りる状況にある記録媒体である（刑訴 218 条 2 項、99 条 2 項）。

　ここで注意すべきなのは、差押対象パソコンなどで単に技術的に変更、あるいは消去が可能な状態であるに過ぎない電磁的記録、又は閲覧ができるに過ぎない電磁的記録は含まれない点である。また、差押前にネットワークで接続している記録媒体から電磁的記録を複写することができるに過ぎず、差押後に当該記録媒体から電磁的記録を複写することはできない[23]。さらに、複写対象となる範囲を記載した令状が必要であるため（刑訴 219 条、107 条 2 項）、逮捕の

---

22)　海外にあるサーバーへの処分などの詳細については、高橋郁夫・鈴木誠・梶谷篤・荒木哲郎・北川洋一・斎藤綾・北條孝佳編『デジタル法務の実務 Q&A』438 頁以下（日本加除出版、2018 年）を参照。

現場において無令状で本処分をすることはできない。

(d)　複写及び保管

　記録媒体から電磁的記録の複写を行う場合には、CD-R や DVD-R 等には一度しか書き込めないようにする複写を行い、HDD や USB メモリ等には専用消去ツールで消去したうえで対象となる電磁的記録の物理コピーを行う。物理コピーは、複写元の電磁的記録の構成をそのまま複写する方法である。また、強制処分や任意処分により電磁的記録を取得した際には、今後の解析作業によって変更がされていないことを担保するために、複写した電磁的記録のハッシュ値を取得しておくことが望ましい。さらに、記録媒体や電磁的記録を取得した後は、適切に保管しなければならない。特に記録媒体の取違えや解析担当者による誤った消去、紛失、落下による破損等、人為的ミスによって証拠の管理ができていない場合には、「当該記録媒体や電磁的記録の証拠能力が否定される」「証拠価値における信用性が低下する」という可能性があるため、捜査にあたっては、このようなことが生じないように留意する。

(3)　解析

　証拠保全をした記録媒体や電磁的記録を解析するには、取得した電磁的記録を変更しないようにさらに複写し、また、さらに複写した電磁的記録を解析する際も電磁的記録を変更しないように書込防止装置を使用して解析する。

　解析には、削除された電磁的記録の復元、暗号化が施されたファイルやフォルダの解除、仮想マシンのイメージファイルなどから電磁的記録の抽出等を行う。解析した電磁的記録を可視化するために、文書ファイルや画像ファイル等を閲覧するツールを使用して確認する。場合によっては、スマートフォンや破

---

23)　東京高判平成 28 年 12 月 7 日高刑集 69 巻 2 号 5 頁(押収済みのパソコンから検証許可状にもとづき海外メールサーバーへのリモートアクセスを違法とした裁判例)。また、捜査機関による海外サーバーへのリモートアクセスにつき、大阪高判平成 30 年 9 月 11 日も参考になる(http://www.courts.go.jp/flies/hanrei_jp/012/088012_hanrei.pdf)。

損した USB メモリなどのメモリチップ、破損した HDD のプラッタの取外しなどを行い、正常な記録媒体に載せ替えて解析を実施することもある。

　解析の再現性を担保するために、フォレンジックツールを使用することが望ましく、EnCase や FTK（Forensic ToolKit）、X-ways Forensic、Nuix 等を使用して、キーワード検索やファイルの抽出等を行う。マルウェアに感染した被害端末から抽出したマルウェアの解析には、IDA Pro などの解析ツールを使用して解析を実施する。これらの解析を実施した際は、後の証拠化のために、作業日時や実施した解析内容を記録したメモを作成しておくのがよい。

(4) 証拠化

　解析を実施した結果を公判に提出する証拠（解析結果報告書は一般的に刑事訴訟法 321 条 3 項又は 4 項の書面として証拠能力が認められる[24]）として報告書を作成する場合、報告書には、作成年月日、作成者の署名押印、解析の方法等の解析内容を記載する。解析内容には、解析を実施した場所、対象となる記録媒体の型番や製品番号、記録媒体や各ファイルなどのハッシュ値、さらには、解析時のメモにもとづく解析手順、解析環境、解析ツールの名称及びバージョン等を記載する。解析内容は、正確であることは当然として、裁判官や裁判員に対して、解析結果を理解させるために不可欠なものであるから、平易でわかりやすい記述を心掛け、認識した事実をできるだけ客観的にありのままに記載すべきであり（犯罪捜査規範 157 条、105 条 1 項）、曖昧な表現を用いないようにすべきである。

(5) アンチフォレンジック

　サイバー犯罪を行う犯罪者は、場合によっては IT 技術を駆使して、犯罪を隠ぺいなどしようとする場合もある。この最たるものがアンチフォレンジックである。これは、デジタル・フォレンジックの証拠となる痕跡を残さないよう

24）　中川深雪編『Q&A 実例 検証・実況見分・鑑定の実際』82 頁（立花書房、2014 年）参照。

に、隠したり、改ざんしたり、消去したりする方法である。しばしば、このような技術が用いられることによって、犯罪捜査においても捜査が行き詰まったり、改ざんした痕跡を信じてしまったりする場合があるため、デジタル・フォレンジックによって取得された結果に対しても、常にアンチフォレンジックを疑うようにする必要がある。

【コラム②】著作権法改正とデジタル・フォレンジック

2018 年 6 月に改正著作権法が成立し、翌 2019 年 1 月から施行されている。この改正における最大の変更点は、「緩やかな権利制限規定」というものを導入したことにある。2012 年の改正でも同法の「47 条の 7」に「情報解析のための複製等」という規定が設けられたのであるが、2018 年の改正ではこの 47 条の 7 は削除され、新たに「新 30 条の 4」として「著作物に表現された思想又は感情の享受を目的としない利用」という項目が設けられた。その条文は、以下のとおりである。

「著作物は、次に掲げる場合その他の当該著作物に表現された思想又は感情を自ら享受し又は他人に享受させることを目的としない場合には、その必要と認められる限度において、いずれの方法によるかを問わず、利用することができる。ただし、当該著作物の種類及び用途並びに当該利用の態様に照らし著作権者の利益を不当に害することとなる場合は、この限りでない」

さらにその 2 項に「情報解析（多数の著作物その他の大量の情報から、当該情報を構成する言語、音、影像その他の要素に係る情報を抽出し、比較、分類その他の解析を行うことをいう。）の用に供する場合」が規定されている。これによりセキュリティ確保のためのリバースエンジニアリングなどが著作権侵害から除外されることになり、デジタル・フォレンジック調査時やその技術開発時において著作物を機械的に複製してしまうことに関しても、権利制限の対象、つまり著作権侵害から除外されることになるといえる。

なお、補足であるが、同じく 2018 年の不正競争防止法の改正によって「限定提供データ」という概念が追加されている。いわゆるビッグデータのうち、「ID・パスワード等により管理しつつ相手方を限定して提供されるデータ」の不正取得行為、不正開示行為等が「不正競争行為」となる。この法律は 2019 年 7 月 1 日より施行される。

— 第**4**章 —

訴訟とデジタル・フォレンジックの実務

4.1 刑事訴訟（公判前整理・公判手続）におけるデジタル証拠とデジタル・フォレンジック

4.1.1 刑事裁判はどのように進むのか

　検察官が被告人を起訴することによって第一審の刑事裁判が始まる。

　裁判所は、「被告人が犯人で、起訴状に書かれた犯罪事実を犯したのかどうか」、また「犯罪を犯したと認められればどのような刑罰がふさわしいか」を判断する。

　裁判は、原則として公開の法廷で行われ、冒頭手続、証拠調べ手続、弁論手続を経て、判決宣告となる。この法廷での手続を「公判」という（**図 4.1**）。

4.1.2 公判前整理手続というのはどのような手続か

　公判が開かれる前に、裁判所、検察官と弁護人とで、事件の争点[1]を明らか

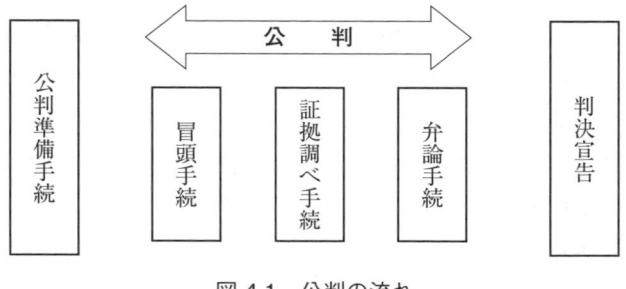

図 4.1　公判の流れ

---

1)　争点とは、立証及び審理における攻撃・防御の重点をいう。

にして、公判で取り調べる証拠を整理する手続のことを公判前整理手続という。裁判員裁判では、裁判員の負担を考えて、必ず公判前整理手続を行わなければならないとされている(裁判員 49 条)。

公判前整理手続は、事件の争点及び証拠を整理するために行われるものであり、事件を担当する裁判所が、「充実した公判の審理を継続的、計画的かつ迅速に行なうため必要があると認めるとき」に、当事者の意見を聴き、この手続に付するか否かを決定する(刑訴 316 条の 2)。

公判前整理手続では、まず、検察官から証拠により証明しようとする具体的事実(証明予定事実)を明らかにし、これを立証するための証拠の請求を裁判所に行う(刑訴 316 条の 13)。これを踏まえて、弁護人は、検察官の証明予定事実をどのように争うか、弁護人としての主張を具体的に示し、その主張を裏づけるための証拠の請求を裁判所に行うことになる(刑訴 316 条の 17)。そのためには、弁護人にとって、検察官手持ちの証拠の開示が不可欠である。公判前整理手続での証拠開示は、①検察官の証明予定事実に関する証拠の開示(刑訴 316 条の 14)、②類型証拠開示(刑訴 316 条の 15)[2]、③被告人側証明予定事実に関する証拠の開示(刑訴 316 条の 20)という三段階の開示がある。なお、検察官請求証拠の開示後に被告人又は弁護人から請求があったときは、被告人側の開示請求を円滑迅速に行う手がかりとなるように、検察官は、速やかに、検察官が保管する証拠の一覧表の交付をしなければならない(316 条の 14 第 2 項)。

このような証拠開示により、検察官手持ちの証拠がほぼ弁護人に開示されることになる。捜査段階で実施されたデジタル・フォレンジックに関連する捜査報告書や鑑定書等も開示対象となる。したがって、弁護人にとって、デジタル・フォレンジックの基礎知識は、公判での主張・立証にあたって必要な知見ということになろう。

最後に、裁判所は、検察官や弁護人の主張を踏まえて、争点の整理や証拠の

---

2)　検察官請求証拠以外の証拠であって、一定の証拠の類型に該当し、かつ、特定の検察官請求証拠の証明力を判断するために重要であると認められる 316 条の 15 第 1 項に定める証拠(類型証拠)についての開示をいう。

採否を行い、具体的な審理計画を立てる。

4.1.3　公判における証拠調べ手続とはどのような手続か

　証拠調べ手続は、①冒頭陳述、②証拠の取調べ、③弁論という手続で進む。

　冒頭陳述は、検察官及び弁護人がそれぞれ証拠により証明しようとする具体的な事実を述べる手続である。

　冒頭陳述に続いて、裁判所により採用された証拠がそれぞれ取り調べられる。

　証拠は、その性質に応じて、❶物証、❷人証、❸書証とに分類されるが、証拠の取調方法は、証人などの人証は尋問（刑訴 304 条）、供述調書や捜査報告書等の書証は朗読（刑訴 305 条）、証拠物である物証は展示（刑訴 306 条）となる（**図 4.2**）[3]。

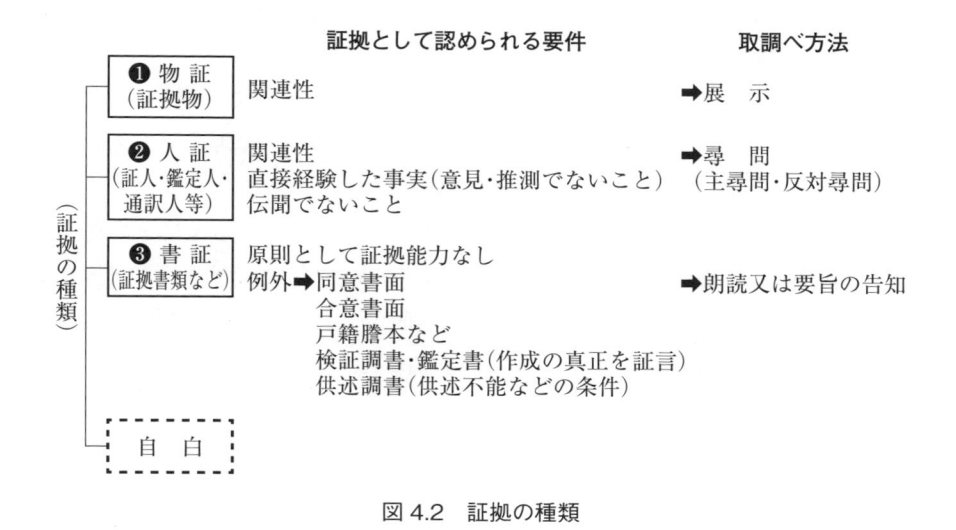

図 4.2　証拠の種類

---

3)　安冨潔『刑事訴訟法講義』258 頁（慶應義塾大学出版会、第 4 版、2017 年）。

　デジタル・フォレンジックにより作成された書面は、朗読という方法での取調べとなるが、ときに作成者を証人として添付の写真などについて説明（証言）してもらうということもある。なお、ビデオは、公判廷でこれを展示し、かつ、再生装置により再生する方法で行う[4]。

　このような証拠の取調べが終わると、検察官及び弁護人は、それぞれ意見を述べる。そして最後に、被告人が最終陳述という自身で意見を述べる機会がある。

4.1.4　刑事裁判での証拠に関するルールはどうなっているのか

　刑事裁判は、刑罰という人権の制約に大きく関わる手続であることから、証拠と証明に関するルールが刑事訴訟法に定められている。

　事実の認定は、証拠によらなければならない（刑訴 317 条）。これは近代国家の裁判における基本原理である。また、犯罪事実の認定には、合理的な疑いを差し挟まない程度の証明が求められる。

　刑事裁判では、犯罪事実の認定にあたって、証拠は、公判で証拠とすることができる（証拠能力）ものでなければならず、論理則・経験則に照らして事実を推認できる（証明力）ものでなければならない。

　証拠能力は、証拠として公判廷で取調べをすることができる適格をいう[5]。また、証明力は、裁判所が取り調べて得た情報が証明すべき事実を認定できるという程度に推認できる証拠の価値をいう。証明力の判断は、裁判官・裁判員の合理的な自由心証に委ねられている（刑訴 318 条、裁判員 62 条）。

　証拠能力に関しては、自白に関する自白法則（憲法 38 条 2 項、刑訴 319 条 1 項）、供述に関する伝聞法則（刑訴 320〜328 条）が法定されている他、判例に

---

4)　検証調書や鑑定書に添付されている写真のように、供述を補充する写真については、供述と一体を成しており、独立性をもたないから書面と同一の証拠能力（刑訴 321 条 3 項・同 4 項）を有する。
5)　「証拠とすることができる（ない）」という形で規定されている（刑訴 319〜328 条、394 条）。

よって認められている違法捜査によって収集された証拠物の証拠能力を否定する排除法則などがある。

(1)　自白法則

自白法則とは、「強制、拷問又は脅迫による自白、不当に長く抑留又は拘禁された後の自白その他任意にされたものでない疑のある自白は、これを証拠とすることができない」（刑訴319条1項）というルールである。

自白は、犯罪事実について全部又は一部を認める被疑者・被告人の供述をいう。

「任意にされたものでない疑のある自白」とは、例えば、自白をすれば起訴猶予にするといった検察官の言葉を信じて、起訴されないことを期待して被疑者が自白したような場合である。

自白には、自白を裏づける証拠（補強証拠）が必要とされる（刑訴319条2項）。被告人の自白だけで有罪とすると、客観的には存在しない事実が犯罪として認められてしまう危険があるからである。

(2)　伝聞法則

伝聞法則とは、「伝聞証拠は原則として証拠とすることができない」というルールである。刑訴法は「公判期日における供述に代えて書面を証拠とし、又は公判期日外における他の者の供述を内容とする供述を証拠とすることはできない」と定めている（刑訴320条1項）。すなわち、①公判期日における供述に代わる書面（供述代用書面）、②公判期日外における他の者の供述を内容とする供述（伝聞供述）が伝聞証拠であり、これらの証拠は、一定の場合（刑訴321条〜328条）の場合を除いて、証拠とすることはできない（**図4.3**）。伝聞証拠は犯罪事実に関して直接体験していない者の供述を内容とする証拠であることから、相手方からの反対尋問を通じての吟味がなされないので誤りがないとは限らないからである。

伝聞書面

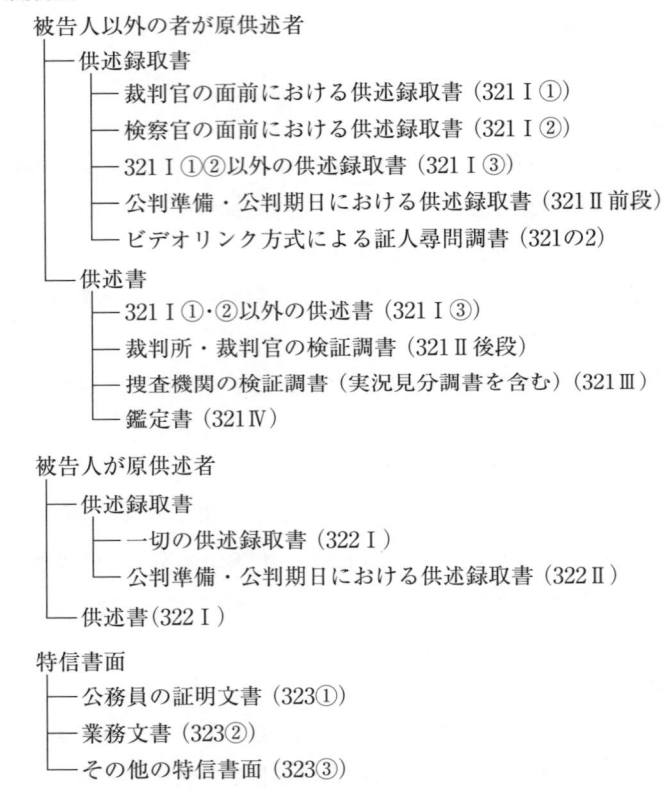

被告人以外の者が原供述者
├─ 供述録取書
│　├─ 裁判官の面前における供述録取書（321 I ①）
│　├─ 検察官の面前における供述録取書（321 I ②）
│　├─ 321 I ①②以外の供述録取書（321 I ③）
│　├─ 公判準備・公判期日における供述録取書（321 II 前段）
│　└─ ビデオリンク方式による証人尋問調書（321の2）
└─ 供述書
　├─ 321 I ①・②以外の供述書（321 I ③）
　├─ 裁判所・裁判官の検証調書（321 II 後段）
　├─ 捜査機関の検証調書（実況見分調書を含む）（321 III）
　└─ 鑑定書（321 IV）

被告人が原供述者
├─ 供述録取書
│　├─ 一切の供述録取書（322 I ）
│　└─ 公判準備・公判期日における供述録取書（322 II）
└─ 供述書（322 I ）

特信書面
├─ 公務員の証明文書（323①）
├─ 業務文書（323②）
└─ その他の特信書面（323③）

伝聞供述（証言）
　被告人が原供述者（324 I ）
　被告人以外の者が原供述者（324 II）

同意書面（検察官及び被告人の同意）（326）

合意書面（検察官及び被告人又は弁護人の合意）（327）

弾劾証拠（証明力を争うための証拠）（328）

図 4.3　伝聞法則の例外

伝聞証拠であっても、①証拠とする必要性、②(供述内容の吟味をしなくてもよいような)供述の信用性の情況的保障があれば証拠とすることができる。

犯罪捜査において押収された記録媒体や電磁的記録についてデジタル・フォレンジックを用いた解析した結果をまとめた報告文書は、検察官、検察事務官及び司法警察職員が作成したものは、一般的に、実況見分調書、解析結果報告書等として刑事訴訟法 321 条 3 項により証拠能力が認められよう。刑事訴訟法 321 条 3 項は、作成者が、公判期日において証人として尋問を受け、その真正に作成されたものであることを供述した場合[6]に証拠とすることができるとしているので、解析過程の正確性、解析結果の真正性が求められる(3.5 節)。また、捜査機関ではない専門家が、捜査段階で捜査機関から嘱託を受けて鑑定受託者としてデジタル・フォレンジックにより解析した結果について作成した報告書(鑑定書)は、321 条 4 項により「鑑定書」に準じて証拠能力が認められる。この場合、刑事訴訟法 321 条 3 項と同様の要件が求められる[7]。

4.2 裁判員制度におけるデジタル証拠とデジタル・フォレンジック

4.2.1 裁判員制度とはどのような制度か

2009 年 5 月 21 日から「裁判員の参加する刑事裁判に関する法律」(「裁判員法」という)が施行されて「裁判員制度」が始まった[8]。

---

6) 作成者が、対象(押収された記録媒体や電磁的記録等)の存在及び状態について正確に観察・認識したところを、そのとおり確実に書面に記載したことを証言することを案件としている。

7) 捜査機関でない者から依頼を受けて専門家が作成した書面は、321 条 4 項を準用することはできないので、321 条 1 項 3 号により①作成者が公判で供述できず、②その内容が犯罪事実の存否の証明に不可欠であり、③その書面自体で特に信用すべき情況の下に作成されたものであるといえるときに証拠とすることができる。

8) 裁判員制度については、最高裁判所の Web ページ(http://www.saibanin.courts.go.jp/index.html)参照。

　裁判員制度は、裁判員法が定めた重大な犯罪（裁判員 2 条）について、国民が裁判員として刑事裁判に参加して、裁判官とともに、「被告人が有罪かどうか」、「（有罪の場合）どのような刑にするか」を決める制度である（裁判員 6 条 1 項）。

　裁判員制度は、裁判官だけで行われる刑事裁判手続と基本的に同じである。しかし、裁判員制度は、国民の理解しやすい刑事裁判を実現することを目的としていることから、ポイントを絞ってわかりやすく連日的に開廷することが予定されている。そのために、事件の争点と証拠の整理をするための公判前整理手続が行われる（刑訴 316 条の 2 ～ 316 条の 32、裁判員 49 条）。また、公判審理も、厳選した証拠によって適切な証拠調べをし、検察官や弁護人の尋問は、原則として、連続して行い、論告・弁論も、証拠調べ終了後できる限り速やかに行うように審理計画が立てられる。

　裁判員制度は、通常、国民から選任された裁判員 6 人と裁判官 3 人（裁判員 2 条 2 項）が、一緒に刑事裁判の審理に出席し、証拠調べ手続や弁論手続に立ち会ったうえで、評議を行い、判決を宣告する。

4.2.2　刑事裁判でデジタル証拠はどのように用いられるか

　刑事訴訟法 317 条は「事実の認定は、証拠による」として、犯罪事実については、証拠能力があり、適式な証拠調べを経た証拠によって認定しなければならないと定めている。

　証拠は、犯罪事実の認定のための資料であるが、犯罪事実を認定するためには、①裁判に提出することが許容されるもの（証拠能力）でなければならず、②証明しようとする事実を推認できる程度を有しているもの（証明力）でなければならない。

　デジタル証拠が刑事裁判で証拠とされるには、まず証拠となる電磁的記録[9]に証拠能力がなければ、公判廷で取り調べることができない。

---

9)　電磁的記録は、「電子的方式、磁気的方式その他人の知覚によっては認識することができない方式で作られる記録であって、電子計算機による情報処理の用に供されるものをいう」（刑 7 条の 2）。

　電磁的記録は可視性・可読性がないので、それ自体では裁判官・裁判員が直接に内容を理解することはできない。そこで、捜査で適法に差し押さえられた電磁的記録からデジタル・フォレンジックを用いて適切に解析した結果が証拠として刑事裁判で用いられることになる[10]。

4.2.3　デジタル・フォレンジックを用いた解析結果に関する裁判例にはどのようなものがあるのか

　裁判員裁判において、被告人と犯人との同一性が争点となった事件でパソコンのインターネット閲覧履歴や電子メールについて、犯人性を推認する間接事実の一つとして証拠として検討した事案がいくつかある[11]。

---

10)　デジタル・フォレンジックと刑事手続での証拠の問題を周到に検討したものに、吉峯耕平・倉持孝一郎・藤本隆三・新井幸宏「デジタル・フォレンジックの原理・実際と証拠評価のあり方」季刊刑事弁護77号、109頁以下（2014年）がある。同122〜123頁では、フォレンジック報告書が証拠として用いられるにあたって、①保全データの同一性、②解析過程の信用性、③結論間接事実の推認力を「証明力評価の3要素」とよび、これらを評価することによって、証拠提出者が主張する要証事実の評価をなし得るとする。
　　なお、安冨潔「刑事事件におけるデジタル・フォレンジックと証拠」産大法学49巻1＝2号49頁（2015年）参照。
11)　裁判員裁判非対象事件であるが、被告人の犯人性が争点となった事案で、インターネット閲覧・検索履歴の解析結果について間接事実を立証する証拠の一つとして事実認定をしている裁判例として、大阪地判平成22年5月25日（平成21年（わ）第1420号・傷害被告事件）判例タイムズ1346号247頁がある。裁判所は、被告人のみが使用していたパソコンのインターネット閲覧履歴の解析結果から、犯行の翌日及び翌々日に、多数回にわたって、本件に関するといえる条件での検索やサイトの閲覧をしている他、数日後に、インターネットの検索サイトで、『茨木、ハンマー』の条件で検索を行っているが、この時点で、本件犯行の凶器を『ハンマー』とする報道はなかったことから、被告人の犯人性認定の間接事実の一つとして、本件凶器である可能性の高いハンマーについて閲覧していることは、被告人の犯人性を肯定する積極事情といえるが、被告人の過去の行動からすると、そのような行動に出ることは不自然ではなく、犯人性を検討する事情から除外するという判断をしている。確かに、一般的には、被告人の特異な行動は、被告人の犯人性を肯定する積極事情ということはできようが、それのみでただちに被告人が犯人であるとすることはできない。動機や目的を立証するために、インターネット閲覧履歴が証拠請求されることがあるが、関連性や重要性の観点から慎重に判断されるべきである。

（1）　岐阜地裁判決

　岐阜地判平成 23 年 1 月 28 日（平成 22 年（わ）第 276 号・現住建造物等放火被告事件）[12] は、被告人が、A が現に住居として使用する甲神社に放火しようと企て、2010 年 4 月 23 日午後 7 時 30 分ころ、同神社社務所内において、同神社保管の軽油約 40 リットルを、寝室、台所及び廊下等に撒いたうえ、寝室のベッドの上にあった布団にマッチで点火して放火し、その火を同社務所の柱などに燃え移らせ、木造瓦葺き平屋建ての同社務所、木造トタン葺き平屋建ての渡り廊下、木造瓦葺き平屋建ての斎館を全焼させるとともに、木造（梁が一部鉄骨）瓦葺き平屋建ての本殿の天井の一部を焼損させたというものである。弁護人は、真犯人は別人として放火の事実を争ったが、裁判所は、被告人が使用していたパソコンのインターネット閲覧履歴などから犯行の動機があるとし、さらに犯行前に被告人が犯行をほのめかす電子メールを送信していること、犯行後に診察した複数の医師に対して、犯行を認める供述をしていることなどから犯人であることが強く推認され、上申書、弁解録取書の内容が信用できることも併せ考慮すると、被告人が犯人であるとした。

（2）　金沢地裁判決

　金沢地判平成 24 年 3 月 2 日（平成 23 年（わ）第 70 号・強盗殺人、死体遺棄被告事件）[13] は、被告人が、① 2010 年 11 月 17 日頃、知人の A から、従前からもちかけていた株式投資のための資金名目で、現金 800 万円を受領したが、2011 年 1 月 19 日頃以降、同女から、複数回にわたり、元金として受け取った 800 万円を含む運用益などの支払いを迫られていたところ、その支払いに窮し、同女に対する債務の支払いを免れるために、成り行きによっては、同女を殺害するのもやむを得ないなどと考え、同年 2 月 6 日午後 9 時頃、同女を呼び出したうえ、同日午後 9 時 35 分頃から同月 7 日午前 2 時 16 分頃までの間に、金沢

12）　判例秘書 L06650033（https://www.hanreihisho.net）
13）　判例秘書 L06750102（https://www.hanreihisho.net）

市内又はその周辺に駐車した普通乗用自動車内において、前記運用益などの支払いを免れる目的で、同女（当時 27 歳）に対し、殺意をもって、所携の刃物でその左頸部を数回突き刺し、そのころ、同女を頸部刺創にもとづく出血性ショックにより死亡させて殺害し、同女に対する債務の支払いを免れて財産上不法な利益を得たうえ、②前記日時ころ、県内の〇〇砂浜に、前記 A の死体を埋めて死体を遺棄したというものである。

　裁判所は、犯行当日後の被告人の行動などについて、被告人方のパソコンのインターネット検索履歴から、「血の臭い　消す」「殺人　懲役」「海岸　白骨」等といった語句を、インターネットで検索している事実が認められ、このインターネット検索は、被害者が殺害された時点と極めて近接した時期においてなされたものであり、かつ、その検索語句には、被害者が殺害され、その死体が海岸に遺棄されていることを伺わせるものが含まれていることから、この時点で、被告人は被害者がこうした状況にあることを把握していたことを伺わせるものであり、被告人が犯人でなければ、説明することが極めて困難な事実であるといえると指摘した。また、捜査官作成の「パーソナルコンピュータの解析結果について」と題する書面などや被害者と第三者の間でなされた携帯電話のメール内容等の証拠からも、被害者が、被告人に対し、複数回にわたり、金銭の支払いを求めていたことが認められるとしている[14]。

(3)　奈良地裁判決

　奈良地判平成 25 年 3 月 5 日（平成 23 年（わ）第 283 号、平成 23 年（わ）第 255 号、平成 23 年（わ）第 290 号・住居侵入、強盗殺人、死体損壊、死体遺棄、占有離脱物横領、窃盗、窃盗未遂被告事件)[15]は、被告人が犯罪の成立を否認し

---

[14]　この判決では、証拠の標目として、「携帯電話の解析結果について」と題する書面や「パーソナルコンピュータの解析結果について」と題する書面が挙げられていて、デジタル・フォレンジックによる解析結果報告書が積極証拠として位置づけられているといえよう。

[15]　判例秘書 L06850138（https://www.hanreihisho.net）

たが、裁判所は、インターネット閲覧履歴について、被告人が公判廷で検索について覚えていないと否定しているのを斥け、2011 年 6 月 25 日から 7 月 7 日までの期間、何者かが被告人のノートパソコンを使用して、これらの検索の一部でも行い得る状況にあったとは考えられず、被告人が自ら前記検索を行ったものと認められるとした。

(4)　裁判例のまとめ

上記(1)～(3)の判決では、いずれもインターネット閲覧履歴などについて、被告人が犯人であることを推認する間接事実として積極評価している。

岐阜地判平成 23 年 1 月 28 日では、弁護人の「被告人には放火をする動機がない」との主張について、「被告人が使用していたパソコンのインターネット閲覧履歴等からは、4 月 23 日に至るまでに、被告人が甲状腺の病気や更年期障害、うつ病等について関心を有していたことが認められるし、被告人の携帯電話から送信されたメールの内容などからすると、被告人と夫との夫婦関係は、必ずしも良好ではなかったことが認められる」として被告人の健康状態に関する悩み及び家族関係に関する悩みは、自殺を企てる動機として十分あり得るものであると考えられるとして弁護人の主張が斥けられている。

また、金沢地判平成 24 年 3 月 2 日では、被告人が被害者の死体を遺棄した犯人であるかどうかなどについて、犯行後間もない平成 23 年 2 月 7 日午前 2 時 16 分頃以降の時点で、自宅パソコンを用いて、「白骨化」「海岸　白骨」等を含む語句をインターネットで検索していることなどからすれば、特段の事情がない限り、被告人が、被害者の殺害後間もない時間帯に、被害者の死体を遺棄現場に遺棄した犯人であることを認めることができるとしている。

また、奈良地判平成 25 年 3 月 5 日でも、被告人が犯行後に閲覧したインターネット検索履歴について、被告人が覚えていないと供述したのについて、何者かが被告人のノートパソコンを使用して、これらの検索の一部でも行い得る状況にあったとは考えられず、被告人が自ら前記検索を行ったものと認められるとして被告人の犯人性を肯定する間接事実の一つとしている。これらにつ

いては、他の間接事実との総合的評価としてはあり得なくもないが、犯行から間がない時点でのインターネット閲覧が、被告人の犯人性についての関連性を推認する事情として十分であるとまではいえないと考えられる。なお、この奈良地判平成 25 年 3 月 5 日では、電子メールの解析結果について、「検察官は、被告人が C や G、被害者の友人らに被害者の生存を装うメールを送信したことも、死体損壊・遺棄や国外への脱出を図るための時間を稼ぐためであり、仮に本件が発覚した場合も自分の関与が疑われないように偽装工作するものであるとして、被告人が被害者を殺害した犯人でなければ合理的に説明できない行為だと主張する。この点、被告人の当該メールが被害者の生存を装い、被害者死亡の発覚を遅らせるための時間稼ぎであるとの点は当裁判所も疑わない。しかし、このメール送信のみをみると、被告人が、被害者が死亡したことから、被害者の財産（車やカード等）をより長い時間使用するためにそのようなメールを送信した可能性も考えられるから、メール等の偽装工作の事実のみをみると、被告人が被害者殺害犯人でないとしても一応説明することができる」と検察官の主張に慎重な判断をしていることに留意しておく必要があろう。

4.2.4 おわりに

　デジタル・フォレンジックを用いた解析結果から犯罪事実を認定するにあたっては、保全された電磁的記録媒体には膨大な電磁的記録が記録されているのが通常であり、「どのような電磁的記録を用いて要証事実を認定するか」は慎重な検討を要する。

　デジタル・フォレンジックによる証拠の解析の手順は、汎用性のあるソフトウェアを用いて実施することもあるが、特殊な OS などではそれに対応するソフトウェアを用いる必要がある。前者の場合には、デジタル・フォレンジックの分野における基礎原理には科学的根拠があり、かつ、その手段、方法が妥当で、定型的に信頼性のあるといえるソフトウェアを用いて実施されるが、後者の場合には、必ずしもそのようにはいえないので、解析結果を証拠とするには、解析に用いられたソフトウェアについて理論的な正当性があることが証明され

なければならないであろう。そのうえで、いずれの場合も、解析能力のある技術者が、信頼される方法で実施し、事後的検証が可能なように手順の記録を残しておくことが求められる[16]。

　インターネット閲覧履歴についていえば、被告人が犯罪に関連する Web サイトを閲覧していたからといって、それがただちに被告人の犯行を推認することにはならない。デジタル・フォレンジックによる解析結果は、「検察官が主張する起訴状に記載された犯罪事実を立証できるか」について、刑事訴訟上問題となるすべての事実が証明の対象となるとして法的な観点から厳格に吟味する必要がある。

4.3　民事訴訟における証拠保全とデジタル・フォレンジック[17]

4.3.1　民事訴訟法が定める証拠保全とはどのようなものか

　民事訴訟では、原告が正式裁判（以下「本案」という。）を裁判所に提起して日数が経過してから証拠調べが行われるため、本案の証拠の取調べまでの間に、証拠の状態が変化したり改ざんされることなどがあり得る。そこで、民事訴訟法は、本案の提訴前であっても、裁判官による証拠の取調べを行う証拠保全（以下「起訴前証拠保全」という。）の手続を設けた（民訴 234 条）[18]。

---

16)　例えば、DNA 型鑑定結果のような他の科学的証拠とは異なり、電磁的記録媒体からハッシュ値が一致する物理コピーされた電磁的記録の解析過程については、デジタル・フォレンジックによる再現が可能であるだけに、これらについて証拠開示の対象とされるべきである。

17)　菊井維大・村松俊夫原著『コンメンタール民事訴訟法Ⅳ』（日本評論社、2010 年）、森冨義明・東海林保編著『新版 証拠保全の実務』（金融財政事情研究会、2015 年）、佐々木良一編著『デジタル・フォレンジックの基礎と実践』（東京電機大学出版局、2017 年）、町村泰貴・白井幸夫編「電子証拠の民事証拠保全と証明活動─弁護士の視点から」『電子証拠の理論と実務─収集・保全・立証』〔櫻庭信之〕186～197 頁（民事法研究会、2016 年）を参照。

　起訴前証拠保全の実施を求める者(以下「申立人」という。)は、保全の必要性を疎明[19]して(民訴規153条3項)、管轄裁判所(民訴235条)に「証拠保全申立書」を提出して申立てを行う。裁判所は、ただちに証拠の取調べをしておかないと、本案での証拠の使用が不能又は困難となる事情があると一応認めた場合(疎明)、証拠保全の決定を発令し、他方、疎明不十分なら申立ては却下される。

4.3.2　証拠保全の証拠調べにはどのようなものがあるか

　起訴前証拠保全では、裁判所の決定によって、書証・検証・人証(証人・当事者)・鑑定・送付嘱託等の証拠調べを行う[20]。

(1)　書証

　書証とは、文書に記載された思想(人の意思、認識、判断、感情、意見、報告等)を裁判所が事実認定に使う方法である(民訴219条)。平文の文字に限らず、暗号、点字、速記の符号等も、文字に代わる思想的意味をもって表現した有形物であれば、「文書」として扱われる。民事訴訟法は、図面、写真、録音テープ、ビデオテープその他の情報を表すために作成された物件で文書でないものも文書に準じて扱う(準文書。民訴231条)。

　売買契約の締結を申し込む電子メール、当初合意したシステム開発の要件定義を超えた追加費用を発注者に打診するベンダーのレター案や社内稟議書の文書ファイル等、平文の内容を裁判所が事実認定に用いるのが書証の例である。

---

18)　起訴後の証拠保全の例として、大阪高決平成28年10月5日(平成28年(行ス)第103号)TKC25545196。

19)　東京高決平成29年6月30日(平成29年(行ス)第37号)D1-Law.com判例体系は、選別可能な外形的指標なく、過度に多数のパソコンを対象とする申立てを探索的な申立てとして不適法とした。

20)　証拠保全ガイドライン改訂ワーキンググループ『証拠保全ガイドライン 第7版』60～61頁(デジタル・フォレンジック研究会、2018年)は、民事訴訟法におけるデジタル・フォレンジック活用を整理している(https://digitalforensic.jp/wp-ontent/uploads/2018/07/guideline_7th.pdf)。

電子データを保全・解析したデジタル・フォレンジック技術者が作成するデジタル・フォレンジック調査報告書には、フォレンジック技術者が保全の現場においてデータ保全を行った際の手順や状況、保全データの解析結果を評価した説明文などが通常記載される。これらの文章も、報告書の作成者であるフォレンジック技術者の思想表現であるから、デジタル・フォレンジック調査報告書は一般的には書証として扱われる。

　一方、デジタル・フォレンジック調査報告書には、コンピュータのディスプレイなども通常掲載される。レジストリ、ログ、プリフェッチファイルを開いたときの状況、タイムラインなどの画面キャプチャーなどの画像は、純粋に写真が調査報告書にコピーされたものとみれば準文書である。しかし、そこに映された事実認定に用いられる情報は、平文の作成者の意思、認識、判断、感情、意見、報告とは異質の情報であり、むしろ作成者の意図などと関係なく記録されるデータの状態とみることができる。イベントが機械的に処理された結果、コンピュータやデータの客観的な現状や変化の経過を示した状態情報であるから、裁判所がこれらの情報を裁判の事実認定に用いる場合は、本来は検証である（下記(2)参照）。デジタル・フォレンジック調査報告書は、実務上書証として扱われているものの、厳密には、書証と検証の両方を兼ね備えた性質を有しているといえる。

　「紙」の書証（検証も同様）の起訴前証拠保全では、証拠保全決定が相手方に送達された直後、証拠の所在場所に、裁判所は、申立人にコピー業者やカメラマンを同行させてその場で証拠のコピーや撮影を行うことをしてきたが、保全証拠の大半が電子データとなった現在、発令を決めた裁判所は（申立人との事前折衝次第であるが）フォレンジック技術者の現場同行を、カメラマンなどに準じて認めることが少なくない。

(2)　検証

　検証とは、裁判官が五官の作用、平衡感覚、運動感覚等を使って、事物の性質・形状等の情報を裁判の事実認定資料とする方法であり（民訴 232 条）、なか

でも多いのは視覚である。文書記載の一定の思想などを問題とせず、文書の作成時期、紙質、筆跡・印影（民訴 229 条参照）等、性状などを裁判資料とするのは検証である。傷害の被害者が証人として出廷して、暴行を受けた状況を証言しても、証言台で自分の腕を差し出して裁判官に傷の部位・形状・深さを見せて、傷の状態を判決の事実認定に用いらせるのなら、証言ではなく、負傷状態の検証となる[21]。

　プログラムから発生したエラー、ログオンの失敗、改ざんのためのプロパティ情報の変更の痕跡はコンピュータの状態を表すものであり、人が表明する思想（契約の承諾や謝罪の文章等）とは異質であり、書証の概念に当てはまらない（上記(1)参照）。ただ、コンピュータやデータの状態をキャプチャした画像などを検証として扱うと、裁判調書に検証の結果を記載しなければならず（民訴規則 67 条 1 項 5 号）、この調書作成の負担を避ける意味からも、実務では書証に準じて扱っている。

　平文のデータを本案の証拠に用いるために電子メールや文書ファイルの保全を行う場合であっても、表現された平文の証拠に伴い、作成・送受信の日時、前後関係、メタデータ、ディレクトリの配置、プロパティ情報、ログなどの保全もあるために、電子データの起訴前証拠保全は、書証ではなく検証で申し立てることが相対的に多い。

　医療事件における病院の診療録に対する証拠保全では、患者を診断した際の医師の認識や説明、患者の反応等がカルテに記載されており、書証の側面があるが、一方で、診療録の外観や状態を保全すべき必要もある。検査データ、CT 画像、手術中の動画データ等の保全では検証が一般的である。

　なお、検証の保全証拠であっても、本案では、保全裁判所から本案裁判所に送付されてきた保全記録のなかから、当事者に書証として提出させるのが通常である。他方、書証の保全証拠であっても、本案では検証による事実認定に用

---

21)　鈴木信幸・山田忠克『民事検証の手続と調書』（裁判所書記官研修所実務研究報告書）
　　 7 頁（法曹会、1976 年）。

いられることもある。

　検証と書証とのクロスオーバーは、検証物の提出義務にも認められる。検証物には、書証における文書提出義務の除外事由(民訴 220 条 4 号イ〜ホ)の規定準用はないが(同法 232 条)、本案で、保全対象物件の記載内容が証拠資料となり得る検証物であるときは、書証で提出義務を免れ得る場合には検証物の提示義務も免れる [22) 23) 24)]。

(3)　人証(証人・当事者)

　証人尋問とは、当事者(原告・被告)以外の者が過去に認識した事実を裁判所で供述し、その供述を証拠とする方法である(民訴 190 条)。デジタル・フォレンジックの技術者が裁判所に出廷して、自分が担当したコンピュータやデータの保全状況や解析結果を、法廷で証言するのが証人尋問の例である。同じくフォレンジック技術者でも、この技術者が証拠の扱いにミスし重要証拠のデータを消失させてしまい、依頼者(原告)から保管義務違反を理由に損害賠償を求める提訴を受けて法廷で供述する場合は、証人ではなく、被告本人尋問になる。

---

22)　起訴前証拠保全の検証による証拠調べを行う場合でも、本案で書証とされ、かつ文書提出義務が認められない文書については提示命令を発することができない(東京高決平成 26 年 2 月 12 日(平 25 年 (ラ)2438 号)2014WLJPCA02126008)。大阪高裁は、「起訴前証拠保全の検証申立ての対象とする、投資信託等の金融商品を販売した銀行が所持する適合性審査書類は、自己利用文書(民訴 220 条 4 号ニ)に該当する」として申立てを却下し、また、顧客との接触・交渉内容を記載した文書については、「開示によって所持者側に看過し難い不利益が生ずるおそれ(最判平成 11 年 11 月 12 日民集 53 巻 8 号、1787 頁参照)の有無、検証の必要性等をインカメラ手続(民訴 223 条 6 項)によって判断すべきである」として原審に差し戻した(大阪高決平成 25 年 4 月 5 日(平 25 年 (ラ)216 号)2013WLJPCA04056001)。

23)　検証の起訴前証拠保全の申立てに対し、福岡高決平成 20 年 5 月 19 日(平成 20 年(ラ)第 60 号)TKC25451616(最決平成 20 年 12 月 18 日(平成 20 年(許)第 32 号)TKC25451618 はこれを支持)、及び仙台高決平成 28 年 4 月 20 日訟月 63 巻 1 号 1 頁(最決平成 28 年 8 月 30 日訟月 63 巻 1 号 20 頁は原決定を支持)は、いずれも公務員の職業上の秘密(民訴 220 条 4 号ロ)を準用した。

24)　検証物の所持者は、目的物を裁判所に提示する公法上の一般的義務を負うが、正当な理由があるときはその義務を免れ(民訴 232 条 2 項)、証言拒絶事由(民訴 196 条、197 条)の規定が類推適用される(大阪高決平成 25 年 7 月 18 日判時 2224 号 52 頁)。

当事者尋問とは、当事者（原告・被告）が裁判所で供述し、その供述を証拠とする方法である（民訴207条）[25]。

問題の社員やフォレンジック技術者が、長期の海外赴任を命じられたり、重い病気に罹ってたまたま寛解の状態にあるなど、本案での尋問を待ったのでは証言を得られないおそれがある場合、証人尋問の証拠保全を行う。病気の証人の場合、入院中の病院に裁判官と書記官が赴き、状況によっては医師を立ち会わせて証言録をとる。

(4) 鑑定

特別の学識経験をもつ第三者に専門知識にもとづく事実判断を裁判所に報告させる方法である（民訴212条、213条）。当事者や第三者が裁判所に提出したコンピュータに関し、裁判所に指名されたデジタル・フォレンジックの技術者がその専門知識を使って解析・判断した内容を裁判所に報告すれば鑑定である。ただし、民事訴訟法の鑑定を証拠保全によって行うことは多くない。

当事者が依頼して学識経験者が執筆した意見書を証拠提出することがある。この意見書は実務上「私的鑑定」とよばれ、専門的知見にもとづく書面ではあるが、鑑定ではなく書証である。

(5) 調査嘱託・送付嘱託

書証や検証の起訴前証拠保全は現場に臨んで保全を行うタイプの保全であるのに対し、調査嘱託（民訴186条）や送付嘱託（民訴226条）の起訴前証拠保全は、現場に臨まないタイプの保全である。

第三者の支配領域内にある証拠を得るために後述する文書提出命令（民訴223条）や検証物提示命令（民訴232条）を申立人が申し立てて、裁判所がこれらの命令を発令した場合、当該第三者が正当な理由なく提出又は提示を拒絶す

---

25) 証人が宣誓のうえ虚偽の陳述をした場合は、偽証罪が成立することがある（刑169条）。これに対し、当事者（原告又は被告）が虚偽の陳述をした場合は、10万円以下の過料の制裁にとどまる（民訴209条）。

ると過料制裁があり得る（4.3.3 節）。そのため、裁判所は文書提出命令・検証物提示命令の発令には一般に謙抑的であり、これらの命令よりも、調査嘱託や送付嘱託のほうが相対的に採用されやすい。嘱託などの申立ての採否は、事案の個別事情や必要性（民訴 181 条 1 項）の他、約款・準拠法・管轄等によって判断される。送付又は調査の嘱託を受けた嘱託先には、正当な理由がない限り嘱託に応じる義務が課されるが、正当な理由なく嘱託を拒否しても、民事訴訟法上の制裁はない。送付嘱託の起訴前証拠保全によって、当局から関係書類の取寄せをすることもある[26]。

4.3.3　民事訴訟法の証拠保全に強制力はあるか

　起訴前証拠保全には強制力がないため、証拠保全の相手方が任意に協力して、対象物件の提供をしない場合、証拠保全による証拠調べ（主に、書証又は検証）はできない。

　ただし、書証や検証の起訴前証拠保全決定の主文中に、検証物提示命令又は文書提出命令が追加されているときは、正当な理由なく、その命令に従わない相手方は、本案で不利益な事実が推定されることがある（民訴 224 条、232 条。なお、不正競争防止法 7 条など参照）。証拠保全には直接的な強制力はないものの、民事訴訟法に不利益事実の推定規定があることから、提示・提出を拒もうとする相手方は、不利益推定の可能性を背景に間接的に協力を促される（拒否は可能である）。相手方も、自身に不信なところがないのであれば、証拠提出への積極的な協力により、長期に及び得る本案を待たずに、紛争の早期決着を図るのも選択肢の一つである。

　検証物提示又は文書提出の命令の相手方が、本案の被告ではない第三者の場合、その第三者が正当な理由なく提示又は提出を拒むと 20 万円以下の過料を科す規定があるが（民訴 225 条 1 項、232 条 2 項）、過料が執行された実例は現在のところ見当たらない。

26）　例えば、東京地決平成 23 年（モ）第 4284 号事件（公刊物不登載）。

4.4　民事訴訟におけるデジタル証拠とデジタル・フォレンジック

4.4.1　デジタル情報の証拠としての重要性

　いわゆるデジタル情報[27]は、従来紙媒体の契約書その他の書面によって行われてきた取引が、さまざまなオンラインツールを用いて行われ、取引記録や会計帳簿等もデジタル化されるにつれ、その証拠としての重要性が高まってきた。

　このことは取引上の紛争のみならず、不法行為紛争や家族法上の紛争においても同様である。交通事故のような突発的な出来事で、従来は事前に証拠を確保することが困難であった事例でも、多くの人々が持ち歩く携帯端末や街角に無数に存在する監視カメラで撮影された映像が重要な証拠となることがあり得る。また離婚訴訟では、配偶者と第三者との電子メールその他のコミュニケーションツールに残された通信記録や、SNS に配偶者本人または第三者が書き込んだ情報が、その配偶者に有利にも不利にも働く証拠となり得る。

　このようにデジタル情報が民事訴訟上の証拠して重要になると、その証拠の保全、獲得、提出、そして真正性をめぐる争いもまた重要なポイントとなり得る。

　民事訴訟法は、紙媒体の文書を証拠方法とする取調べ(書証)において、いわゆる形式的証拠力として当該文書の真正な成立が証明されなければならないと規定し、公文書と私文書のそれぞれについての真正な成立の推定が定められている(民訴 228 条)。デジタル情報を記録した媒体、すなわち電磁的記録媒体も、同法 231 条の定める準文書と位置づけられ、書証の規定が準用されるのであるから、その真正な成立が証明されなければならない。デジタル・フォレンジック技術は、まさにこの点で民事訴訟上も重要な意義を有する。

---

27)　法令上は「電磁的記録」という用語が当てられ、「電子的方式、磁気的方式その他人の知覚によっては認識することができない方式で作られる記録であって、電子計算機による情報処理の用に供されるもの」(民訴 3 条の 7 第 3 項)と定義されている。

　他方、証拠の探索技術としてのデジタル・フォレンジックも、民事訴訟において一定の役割が期待されるところである。刑事訴訟手続のように、一方当事者である警察・検察が、捜索差押えによってコンピュータやその記憶媒体を強制的に提出させ、その分析を行うことは、民事訴訟では想定できないが、当事者が自ら支配下にあるデジタル機器を探索すること、あるいはネット上でアクセス可能なデジタル情報から探索することはあり得るし、事件の種類によっては重要な証拠収集手段となり得る。その際にもデジタル・フォレンジック技術が有用な場合があろう。

　本節では、以上のような基本的な理解のうえで、形式的証拠力と証拠探索の場面でのデジタル・フォレンジックの役割を考察する。

4.4.2　デジタル情報の形式的証拠力

　まず、紙媒体文書を前提とする通常の形式的証拠力の証明プロセスについて解説する。ついで、これをデジタル情報に応用した法律である電子署名電子認証の仕組みを紹介し、電子署名が施されていないデジタル情報についての真正な成立の証明可能性を論じよう。

(1)　二段の推定による通常の形式的証拠力

(a)　形式的証拠力の立証

　紙媒体の文書が証拠として意味をもつのは、その記載内容が、その作成者の意思を表しているからである。例えば、契約書のような「処分証書」[28]とよばれる文書であれば、意思表示の内容がその文書の記載内容に現れているので、契約書を証拠として提出すれば、特段の事情のない限り、その記載内容の意思表示がされたものと認定することができる。したがって、「当該文書が作成者の意思にもとづいて作成されたのか、それとも作成者の意思にもとづかずに作

---

[28]　この言葉には実は混乱があるが、現在は、意思表示の内容を記載した文書を「処分証書」、それ以外の文書を「報告証書」とよんでいる。

成されたのか」が決定的なポイントとなり、後者、すなわち偽造文書では契約を締結したことの証拠とはなり得ない[29]。

そこで、文書が作成者の意思にもとづいて作成されたことを「真正に成立した」といい、真正に成立した文書には形式的証拠力があるといわれる。そこで、その真正な成立の証明はどのようにしてなされるかが問題となる。

(b) 二段の推定

民事訴訟法228条は、公文書についてはその体裁から推定されるものとし、私文書については「本人又はその代理人の署名又は押印があるときは、真正に成立したものと推定する」と規定している[30]。そこで、代理人や署名の場合を別とすると、作成名義人本人の押印があったことで、その文書は作成名義人の意思にもとづくものと推定され、したがってその内容どおりの意思表示があったものと認定できるわけである[31]。

しかし、「押印」ということは、書面だけからは実はわからない。書面にあるのは作成名義人を示す印鑑が押された跡、すなわち印影であり、その印影を作り出した「押印」行為を作成名義人がしたことは明らかではない。そこで、この部分、すなわち印影があることから押印がされたことは事実上推定されるものと扱う。かくして、「印影から押印が事実上推定され、押印から真正な成立が法律上推定される」という二段の推定があることとなる。

(c) いわゆる実印の効果

もっとも、どのような印影があっても押印が事実上推定されるというわけではない。作成名義人の名前と一致しない印影であればもちろん、誰でも作成・

---

29) 別の意味の証拠、すなわち契約が成立していないことの証拠とはなるかもしれない。その意味で、形式的証拠力は証拠能力とは違う。

30) この推定の意味について、法律上の推定なのか法定証拠法則なのかという争いがあり、通説は法定証拠法則説であるのだが、本筋には関係がないので省略する。以下では「法律上の推定」とよぶが、上記の対立の一方にコミットする趣旨ではない。

31) なお、実質的証拠力の問題は残る。

購入できる三文判であれば、作成名義人が常時用いていたなどの補助事実がなければ押印を推定することは無理である。

　この点は、銀行口座の登録時に用いた印章や日常的に用いている印章による印影であれば証明が可能となり得る。しかし、作成名義人が否認した場合、その取引相手方が独自に作成名義人による押印を立証することは、継続的な取引相手というわけでなければ困難があり得よう。

　そこで、いわゆる実印、すなわち印鑑登録を行った印章で押印し、その印鑑証明書を取引相手方に交付すれば、取引相手方は一応作成名義人自身の保有する印章で押印がされたことを証明できる。加えて一般的に「実印は保有者が慎重に管理し、他人に使わせない」という経験則が認められるので、通常は二段の推定が認められ、印鑑証明書と一致する印影があれば作成名義人の意思にもとづく、真正な成立が認められるというわけである。

(2)　電子署名・電子認証法の下での真正な成立の証明

(a)　電子署名とは

　こうした形式的証拠力の証明を、デジタル文書においても可能としたのが、電子署名及び電子認証業務に関する法律(以下「電子署名・電子認証法」という。)である。

　同法2条は電子署名を定義して、「電磁的記録[32]に記録する情報に施す措置で、その措置を行った者によるものであることを示すためのものであること」「改変されていないことを確認することができるものであること」の2つに該当するものをいうとしている。

　この要件に該当するものとして広く用いられている公開鍵暗号方式(PKI)は、一対の公開鍵とその作成名義人のみが知りうる秘密鍵との組合せにより電子署

---

[32]　この言葉の意味はさまざまな法律でほぼ同一の定義づけがされている。電子署名・電子認証法でも「電子的方式、磁気的方式その他人の知覚によっては認識することができない方式で作られる記録であって、電子計算機による情報処理の用に供されるものをいう」とされている。

名を実現する。すなわち、署名の対象となる情報とともに、その情報から不可逆的なハッシュ関数により得られたハッシュ値を秘密鍵により暗号化したデータをつけて、情報の名宛人に送信する。名宛人は暗号化されたハッシュ値に対して作成名義人の公開鍵を用いて復号を行い、署名対象の情報に対応するハッシュ値と一致することを確認できれば、その暗号化されたハッシュ値の作成者が公開鍵の保有者、すなわち署名対象の情報の作成名義人であることが確認できるというわけである[33]。

(b)　電子署名の効果

　電子署名の効果は、同法3条が「本人による電子署名(これを行うために必要な符号及び物件を適正に管理することにより、本人だけが行うことができることとなるものに限る。)が行われているときは、真正に成立したものと推定する」と定めており、形式的証拠力を認める法律上の推定が認められている。

　もっとも、この公開鍵と秘密鍵のペアは、フリーソフトを用いて誰でも作成することができ、その意味では三文判に相当する。したがって、印鑑証明書のように、公開鍵がその作成名義人に帰属するものであることの証明が必要となる。その役割を果たすのが電子認証である。

(c)　電子認証

　同法2条2項は、認証業務を「自らが行う電子署名についてその業務を利用する者(以下「利用者」という。)その他の者の求めに応じ、当該利用者が電子署名を行ったものであることを確認するために用いられる事項が当該利用者に係るものであることを証明する業務」と定義している。

　これによれば、電子署名を行う者は、認証業務を行う者に対して、その電子署名が自ら行ったものであることを証明する資料をあらかじめ提供して確認可

---

[33]　なお、このやり方は暗号化されていない情報を送受信することになり、いわゆる暗号機能は果たされない。

能な状態とし、その証明書を利用者又は第三者の求めに応じて交付させる。この証明書が、上記の印鑑証明書に相当する機能を果たす。

　そして同法 2 条 3 項は、主務省令で定める基準に適合する電子署名について認証を行う業務を「特定認証業務」とし、その信用性確保のための行政規制を 4 条以下で定めている[34]。

(3)　一般的なデジタル情報の形式的証拠力とデジタル・フォレンジック

　デジタル情報が民事訴訟の証拠となり得る場合は、契約書のような一般的にイメージする「証書」に限られず、さまざまな断片的な情報も含まれることは上記のとおりである。そして、電子署名・電子認証法に則った電子署名が期待できるのは、取引上の文書に限られるであろうから、民事法廷に提出されるデジタル情報のすべてが電子署名によって形式的証拠力を充足することはあり得ない。もちろん、このことは従前の紙媒体文書であっても同様なのではあるが、デジタル情報については今後特に重要な問題となり得る。電子メールのやりとりや SNS の書込みのような作成者の思想を表したデジタル情報は言うに及ばず、各種センサーの記録や監視カメラの映像等のデジタル情報も、訴訟において場合によっては決定的な証拠となり得る一方で、改ざん可能なものが多数提出されることが考えられるからである。

　この場面において、改ざんの有無を確認できる技術としてデジタル・フォレンジックが裁判実務上も注目されている[35]。デジタル・フォレンジック技術の詳細は本書の他の論考に譲るが、要するに、証拠となるデジタル情報が作成者の思想を表すものであれば、「その内容が作成者の意思にもとづいて作成されたものかどうか」、改ざんの有無などについて明らかにされる必要がある。そのうえで、「当該情報の内容が要証事実の証明に寄与するかどうか」の実質的証拠力の判断に立ち入ることが可能となる[36]。

---

34)　以上の電子署名の説明及び関連する制度と問題点につき町村泰貴・白井幸夫編『電子証拠の理論と実際』〔東海林保〕239 頁以下（民事法研究会、2016 年）を参照。

35)　町村・白井編の前掲書〔東海林保〕262 頁以下を参照。

　文書や準文書を証拠として取調べを求める場合は、その挙証者が形式的証拠力を証明する必要があるので、デジタル情報についても相手方に真正な成立を争われれば、挙証者が自ら改ざんされていないことを証明することとなる。電子メールであれば、挙証者のコンピュータに記録されたファイルの改変履歴、あるいはメールサーバー管理者の保有するデータの着信ログ、改変履歴等から、電子メール送信者の送信した情報に改ざんがされていないことの一応の立証が可能となろう。同様に画像ファイルなどのデジタル情報についても、オリジナルの電子ファイルにアクセスすることで改ざん履歴の有無などを明らかにすることが可能となり得る。

　デジタル・フォレンジック技術を用いた真正な成立の証明は、一般的に争われてから行うことになるであろうし、その場合は訴訟上の鑑定によることとなるかもしれない。もっとも、実際には重要な証拠で争われる可能性が予想できるのであれば、私的鑑定によることもあり得る[37]。簡易かつ定型化されれば、調査嘱託(同法 186 条)によることも考えられる。

　ただし、こうしたことが一般的に行われるようになるためには、コストとベネフィットの両面における進歩が必要であろうと思われる。

4.4.3　証拠の探索

(1)　日本法における証拠の探索

　ディスカバリ制度が強力に存在する米国法と異なり、日本法では相手方や第

---

36)　なお、デジタル情報が改ざんされているかどうかについては実質的証拠力の問題ではないかと整理する立場もある。町村・白井編の前掲書〔東海林保〕250 頁以下はそうした整理をしており、そこで引用されている裁判例も同様のようである。もっとも、ある情報が作成者の意思にもとづいて作成されたものかどうかということと、そのようにして作成されたものが要証事実の証明に寄与するかどうかということで形式的証拠力と実質的証拠力とを区別する限り、改ざんされているかどうかは形式的証拠力の問題と整理するのが正しい。ただし、いずれにせよ、証拠力の問題であることに変わりはないので、安易に自白が認められない限り、重要な問題ではないかもしれない。

37)　なお、当事者の履行補助者というものとして本間靖規・中島弘雅・菅原郁夫・西川佳代・安西明子・渡部美由紀編「電子証拠の取調べに関する日米比較序説」『民事手続法の比較法的・歴史的研究』〔藪口康夫〕276 頁、特に 292 頁(慈学社出版、2014 年)。

三者の保有する証拠を探索する手段が限られている。制裁のあるものとしては文書提出命令(民訴 220 条、223 条)、検証物提示命令(同法 232 条による 223 条の準用)があり、制裁のないものとしては文書送付嘱託(同法 226 条)がある。この他、直接には証拠提出を求めるものではないが、前述の調査嘱託の他、当事者照会(同法 163 条)、そして弁護士会照会(弁護士 23 条の 2)によって情報を取得することができる。さらに、提訴前に情報及び証拠の収集を可能とする制度として、提訴前の当事者照会(民訴 132 条の 2 以下)、提訴前の証拠収集処分(同法 132 条の 4 以下)がある。この他、証拠保全(同法 234 条)によれば、提訴の前後を問わず、本来の証拠調べ期日前に取調べを行うことができ、上記の証拠収集手段として用いることのできる証拠調べも行われ得る [38]。

(2)　デジタル情報に関する探索

　以上の規定のうち、提訴前の証拠収集処分の一つに執行官による現況調査が規定されている。デジタル情報が重要な証拠となることが予想される紛争においては、その現況調査にもとづき相手方又は第三者が保有するデジタル情報の真偽の確認を行うことが考えられる [39]。もっともこの規定には執行官の立入り権限や提出強制の権限が規定されているわけではないので、情報の保有者が拒否すれば、証拠保全と検証物提示命令に切り替えることが必要となろう。

　また、米国のディスカバリでは、各当事者が原則として関連ある証拠を網羅的に提出する義務を負い、そのために関連ある証拠かどうかを自ら探索しなければならない。デジタル情報についても同様で、その場合に大量のデータを保全し、そこから関連ある情報を検索・抽出し、まとめる技術としてデジタル・フォレンジックが用いられる。こうした網羅的調査をすべき義務がない日本法の下では、フォレンジック技術の利用が必要とは考えられない。

　ただし、当事者が自ら保有する膨大なデジタル情報から、訴訟に関連し、自

---

38)　この点は 4.3 節で解説されているので、ここでは扱わない。
39)　デジタル・フォレンジックには言及されていないが、デジタル情報に利用可能性を指摘するものとして、町村・白井編の前掲書〔東海林保〕272 頁。

らに有利な証拠を探索し、その保全と抽出により、真正性が確保された状態で提出する手段としては、なおフォレンジック技術が有用となることもあろう。もちろんこの場合も、コスト・ベネフィットの兼ね合いは残る。

4.5　民事訴訟手続における IT 化にデジタル・フォレンジックはどう活かされるか

4.5.1　民事訴訟の電子化とデジタル・フォレンジック

本節では、民事訴訟を電子化する場合の課題について述べながら、どのようにデジタル・フォレンジックが活かされるかについて解説することとしたい。

4.5.2　これまでの電子化の試み

これまでにも、民事訴訟手続を電子化しようという試みがまったくなかったというわけではなく、裁判所自らも電子化を試みた他、研究者による実証実験も行われている[40]。

裁判所は、2000 年代初頭に進められた司法制度改革のなかで、改革を推進する措置の一つとして IT 技術の導入を掲げた。2008 年度には札幌地方裁判所において申立などのオンライン化の実証実験を行っている。

司法制度改革と先端テクノロジィ研究会は、電子的に進行する訴訟を「サイバーコート」と名づけ、サイバーコートの実現に向けた研究を行った。桐蔭横浜大学にある旧・横浜地方裁判所陪審法廷において、実証実験も行っている。

また、2009 年度には、総務省からの受託研究として「法律サービスにおける ICT 利活用推進に向けた調査研究」が行われており、九州大学法科大学院において実証実験が行われている。この実証実験では、九州大学箱崎キャンパス（当時）にある法科大学院の模擬法廷教室と糸島市にある前原公民館をイン

40）　町村泰貴「IT の発展と民事手続」情報法制研究 2 号 38 頁以下（2017 年）参照。

ターネット経由で接続し、遠隔審理を実現する際の課題について検証した他、訴訟の諸手続に関する書面の提出・受理の電子化や訴訟進行管理の電子化についても検討が行われた。

4.5.3　裁判手続等の IT 化検討会

「未来投資戦略 2017」(2017 年 6 月 9 日閣議決定)において、「迅速かつ効率的な裁判の実現を図るため、諸外国の状況も踏まえ、裁判における手続保障や情報セキュリティ面を含む総合的な観点から、関係機関等の協力を得て利用者目線で裁判に係る手続等の IT 化を推進する方策について速やかに検討し、本年度中に結論を得る」とされたことを受けて、2017 年 10 月、日本経済再生本部に裁判手続等の IT 化検討会(以下「検討会」という。)[41]が設置された。

検討会は、約半年という短期間に 8 回の会議を開催した(**表 4.1**)。

表 4.1　IT 化検討会の開催日及び検討内容

開催日	検討内容
第 1 回 平成 29 年 10 月 30 日	裁判所における IT 化の現状と企業・消費者の意見について
第 2 回 平成 29 年 12 月 1 日	弁護士の業務における IT の活用に関する現状と課題 諸外国の裁判手続等の IT 化の状況について
第 3 回 平成 29 年 12 月 27 日	裁判手続等の IT 化の検討にあたって考えられる論点整理
第 4 回 平成 30 年 1 月 26 日	民事訴訟の手続段階ごとに見た IT 化の視点 ―訴状の提出から第 1 回口頭弁論期日まで―
第 5 回 平成 30 年 2 月 7 日	民事訴訟の手続段階ごとに見た IT 化の視点 ―第 1 回口頭弁論期日の指定から争点整理手続まで―
第 6 回 平成 30 年 2 月 22 日	裁判手続等の IT 化にともなうサイバーセキュリティについて 民事訴訟の手続段階ごとに見た IT 化の視点 ―人証調べ・最終口頭弁論期日・判決言渡し―
第 7 回 平成 30 年 3 月 8 日	本人訴訟について 裁判手続等の IT 化の今後の進め方について 取りまとめ骨子案について
第 8 回 平成 30 年 3 月 30 日	裁判手続等の IT 化に向けた取りまとめ案の検討

　検討会は、検討結果を 2018 年 3 月 30 日に「裁判手続等の IT 化に向けた取りまとめ」[42]として公開した。この取りまとめを受けて、2018 年 6 月 1 日に閣議決定された「未来投資戦略 2018」では「司法府による自律的判断を尊重しつつ、民事訴訟に関する裁判手続等の全面 IT 化の実現を目指すこととし、以下の取組を段階的に行う」とされ、民事訴訟の電子化を推進することとなった。

　なお、筆者も検討会の委員であったが、検討会は当初 2017 年 10 月から 3 回〜4 回程度開催することが予定されていたようである。しかし、民事訴訟のIT 化は極めて多くの論点を含んでいるため、実際には合計 8 回となった。また、検討会は非公開で開催されたが、検討会において委員に配布された資料は、検討会の Web サイトに掲載されたものと原則として同一で、委員限定の詳細版資料というようなものは特に配布されていない。

4.5.4　IT 化の基本的な方向と進め方

　前述の「裁判手続等の IT 化に向けた取りまとめ」では、訴訟記録の全面的な電子化を前提とする「裁判手続等の全面 IT 化」を目指すべきであるとしている。

　その一方で、「利用者の利便性・効率性の向上という観点からも大きな効果が期待し得る、民事訴訟一般を念頭に置いた骨太な検討と制度設計を行うことが相当である」として、民事執行手続、倒産手続等の非訟事件や家事事件については当面は IT 化の対象とはせず、民事訴訟手続の IT 化の実現を先行して、その成果や制度設計をもとに非訟事件や家事事件の IT 化の実現を目指すべきであるとした。

　また、IT 化の具体的な進め方としては、**表 4.2** の「3 つの e」という観点から実現を目指すべきであるとしている。

---

41)　首相官邸「裁判手続等の IT 化検討会」(https://www.kantei.go.jp/jp/singi/keizaisaisei/saiban/index.html)

42)　首相官邸「裁判手続等の IT 化に向けた取りまとめ」(http://www.kantei.go.jp/jp/singi/keizaisaisei/saiban/pdf/report.pdf)

表4.2　3つのe

3つのe	それぞれの内容
e-提出 （e-Filing）	• 紙媒体の裁判書類を裁判所に持参・郵送等する現行の取扱いに代えて、電子情報によるオンライン提出を実現する。 • 紙媒体の訴状を裁判所に提出する現行の取扱いに代えて、オンラインでの訴え提起（紙媒体で作成されたものの電子化を含む）を実現する。 • 提訴手数料の納付について、インターネットバンキングやクレジットカード等を用いたオンラインでの納付（電子決済）を実現する。 • 職権により書面で送達を行う現行の取扱いを見直し、訴訟記録の電子化に即した送達のあり方を検討する。 • 判決言渡し後の双方当事者への判決書の送達について、IT ツールを活用した電子的な送達方法などを検討する。 • 被告からの答弁書などの提出、その後の双方当事者の準備書面などの提出、あるいは当事者間におけるやりとりについても、オンラインでの迅速かつ効率的に行うための方策を検討する。
e-事件管理 （e-Case Management）	• 裁判所が管理する事件記録や事件情報につき、訴訟当事者本人及び訴訟代理人の双方が、随時かつ容易に、訴状、答弁書その他の準備書面や証拠等の電子情報にオンラインでアクセスする。 • 原告がオンラインで提出した訴状が裁判所で受理されたことを確実かつ容易に確認できる仕組み（訴状審査や、補正のIT 化も含む） • 第1回口頭弁論期日の調整・指定 • 争点整理手続と計画的審理のオンライン化 • 人証調べの予定や結果、口頭弁論終結日、判決言渡し期日等の情報の電子化
e-法廷 （e-Court）	• 当事者の一方又は双方によるテレビ会議やWeb 会議の活用拡大 • 第1回口頭弁論期日 • 争点整理手続 • 人証調べ手続 • 判決言い渡し

　「「3 つの e」を段階的に実現するか、同時に実現するか」は、「民事訴訟手続のIT 化をどのように進めるか」という点での大きな課題である。これについて、「未来投資戦略 2018」では、「司法府による自律的判断を尊重しつつ、民事訴訟に関する裁判手続等の全面 IT 化の実現を目指すこととし、以下の取組を段階的に行う。まずは、現行法の下で、来年度から、司法府には、Web 会議等を積極的に活用する争点整理等の試行・運用を開始し、関係者の利便性向上とともに争点整理等の充実を図ることを期待する」としており、「3 つの e」を段階的に実現するという方向を採用した。

　また、実現する時期として、「次に、所要の法整備を行い、関係者の出頭を要しない口頭弁論期日等を実現することとし、平成 34 年度頃からの新たな制度の開始を目指し、法務省は、来年度中(筆者注：2019 年度)の法制審議会への諮問を視野に入れて速やかに検討・準備を行う」としており、その頃には実現するとしている。

4.5.5　IT 化の課題

　検討会の報告書が IT 化の課題として挙げているのは、表 4.3 のとおり本人訴訟と情報セキュリティ対策である。

　表 4.3 のうち情報セキュリティ対策については、第 6 回の検討会で集中的な討議が行われているが、時間の制約もあり、報告書では表 4.3 のような課題を挙げるにとどまっている。そこで、民事訴訟の IT 化を実現するために必要と考えられる点について、報告書が挙げている課題に即して以下の(1)〜(4)で解説することにしたい。

(1)　情報セキュリティ水準

　報告書が「訴訟の各手続段階や訴訟記録等である情報の内容、性格等により異なる」としているように、情報セキュリティ水準は、民事訴訟に関するさまざまな段階・場面で異なると考えられる。例えば、裁判官が判決文執筆のために作成するメモのようなものが流出した場合、判決の前に裁判の結果を知るこ

表 4.3　IT 化の課題及び特徴

IT 化の課題	特徴
本人訴訟	・裁判を受ける権利に配慮 ・裁判所による適切な Web 上の利用システム・環境の構築や、適切な担い手による充実した IT リテラシー支援策が必要 ・非弁活動の抑止などの観点にも留意が必要 ・弁護士、司法書士等の法律専門士業者が、代理権などの範囲のなかで、所属団体の対応枠組みを使うなどして支援を行っていくことが考えられる。
情報セキュリティ対策	・情報セキュリティ水準と情報セキュリティ対策(本人確認、改ざん・漏洩防止等)は、訴訟の各手続段階や訴訟記録等である情報の内容、性格等により異なる。 ・証拠の電子化に対応し、改ざん防止のためのデジタル・フォレンジック技術(電磁的記録の調査・解析等を通じ、その調査・分析を行う技術・手法)の活用など ・経済社会一般で通用している IT 技術や電子情報に対する信頼性などを前提とする制度設計 ・API 連携(複数システム間の連携や外部サービスの機能活用・共有等)、クラウド化、データ形式のオープン化等のさまざまな可能性を検討

とができる状態になるので公正な裁判の実現を阻害するおそれがある。

　また、わが国では憲法 82 条において裁判の公開が定められているものの、「裁判の対審及び判決は、公開法廷でこれを行ふ」という同条の規定は比較的に狭義に解されてきた経緯がある。民事訴訟の場合には、民事訴訟法 92 条 1 項の規定により、訴訟記録中に当事者の私生活上の重大な秘密、当事者が保有する営業秘密などが記載又は記録されている場合は、閲覧若しくは謄写、その正本・謄本若しくは抄本の交付又は複製の請求をすることができる者を、訴訟の当事者だけに限ることを求めることができるとされている(閲覧等制限)。また、閲覧等制限は、申立てがあってからその裁判が確定するまでの間においても暫定的に発生するとされているため、訴訟の進行中であっても訴訟記録の流出・漏えいを防止する必要がある。

　このため、民事訴訟の情報セキュリティ水準の設定にあたって考慮すべき点について、情報セキュリティにおいて参照されることが多い CIA 概念に即して整理してみよう。

（a） Confidentiality：機密性

　民事訴訟に係る諸情報の機密性が高いものから順に並べると以下のようになる。

- 作成途中の裁判官の判決文、メモ等
- 裁判官同士の評議の秘密（裁判所 75 条）
- 証拠
- 知的財産、営業秘密などに係る情報
- 原告・被告の利益に係る情報
- 非公開で行われた審理の書類
- 個人情報、プライバシー情報（戸籍や住民票、送達関係書類）
- 訴訟記録（閲覧等制限あり）
- 謄写（当事者と利害関係人のみが可）
- 訴訟記録（閲覧等制限なし）

（b） Integrity：完全性

　民事訴訟に係る諸情報の完全性が高いものから順に並べると以下のようになる。

- 改ざん、否認、滅失等の防止
- なりすましの防止
- 本人確認とアクセス権限

（c） Availability：可用性

　民事訴訟に係る諸情報の可用性が高いものから順に並べると以下のようになる。

- サイバー攻撃を受けた場合
  - ―裁判の電子化システム
  - ―当事者
- 海外からアクセスする場合
- 当該国でブロッキングされる場合
- システムのダウン
- 通信障害等

(2) 本人確認、改ざん・漏洩防止等

　報告書では、本人確認、改ざん・漏洩防止等は、訴訟の各手続段階や訴訟記録等である情報の内容、性格等により異なるとしている。これらは、民事裁判に係る諸情報の完全性に関わる問題である。

　このうち本人確認については、原告、被告の本人確認の他、代理人（弁護士、司法書士）などの本人確認と有資格者であることの確認の他、代理関係が成立していること（原告又は被告から受任していること）の確認も必要となると考えられる。また、代理人が訴訟の途中で変わることもあると考えられるが、この場合の資料類の引継ぎやアクセス権限の設定についても検討する必要がある。

(3) アクセス権限

　原告及び被告の権利を保護するため、システムにアクセスする権限は適切に設定する必要がある。この場合に問題となるのは、原告及び被告が法人である場合と代理人のアクセス権限であり、前者については「法人単位でアクセス権限を設定するか、法人の訴訟担当者に限定するか」という問題がある。後者についても、「弁護士・司法書士個人にアクセス権限を与えるか、事務所単位でアクセス権を管理するか」という問題がある。近年は大規模な法律事務所が増加するとともに弁護士が所属事務所を異動する例も増えており、この場合のアクセス権限の管理のあり方も課題となろう。

（4）改ざん・漏洩防止等

　電子的な記録の改ざんの防止、改ざんされたおそれのあるものの検証、改ざんされたものの復元に最も有効であるのは、デジタル・フォレンジック技術の活用である。すでに刑事訴訟ではデジタル・フォレンジック技術が利活用されるようになっており、その成果や経験を民事訴訟に生かすことができよう。

　なお、刑事訴訟とデジタル・フォレンジック、民事訴訟における証拠保全とデジタル・フォレンジック、デジタル証拠の取扱い、米国における e ディスカバリなどの解説については、それぞれの章節に譲ることにしたい。

4.5.6　その他の課題

　「「3 つの e」を段階的に実現するか、同時に実現するか」が問題であることは前述したが、「「3 つの e」を実現する際、紙による従来の手続は廃止して IT 化された手続に完全に移行するか、それとも併存するか」という点も大きな問題である。

　検討会が開催されていた時期に、総務省の投票環境の向上方策等に関する研究会では、在外投票の利便性向上のためにインターネット投票を導入することを検討していたが、同研究会が 2018 年 8 月に公表した報告書[43] では、在外投票について、紙の投票とインターネット投票を併存するという方向を打ち出している。

　民事訴訟の IT 化の実現にあたり、紙による従来の手続を併存すると、民事訴訟の IT 化という目的の達成を損なうおそれがあり、実務的にも二重の手間が発生してかえって事務作業を煩雑なものとする可能性が高い。その一方で、IT 化への全面的な移行が本人訴訟のハードルを高くするおそれも指摘されている。

　また、民事訴訟の IT 化が実現する利便性の向上の一つとして、原告や被告

43）　総務省「投票環境の向上方策等に関する研究会報告の公表」(http://www.soumu.go.jp/menu_news/s-news/01gyosei15_02000190.html)

が海外に滞在していても訴訟手続に参加できることが挙げられる。しかし近年、各国においてサイトブロッキング（特定のサイトやサービスにアクセスできないように遮断すること）が行われるようになってきており、各国政府において裁判手続システムへのアクセスが遮断されてしまった場合、訴訟手続に参加することができなくなる（手続に関する通知類を参照することもできなくなる）という問題が残されている。現時点では、Twitter や Facebook 等の SNS を遮断する例が多いが、外国政府によって運営されているシステムへのアクセスが遮断されるおそれも皆無とはいえない。

　この点は、民事裁判に係る諸情報の可用性に関わる問題であるが、当事者や民事訴訟の IT 化システム自体が対応することは難しく、インターネットの自由な利活用の実現に向けた国際的協調の枠組みのなかで検討する他はないであろう。

　最後に、現行の訴訟手続においては、すでに各種の情報システムが利用されていることを指摘しておきたい。この点について最高裁判所は詳細を明らかにしていないが、公開されている事務総局会議議事録によれば、裁判所のシステム最適化計画が策定され、CIO 補佐官も置かれているようである。また、「公共調達の適正化について（平成 18 年 8 月 25 日付財計第 2017 号）に基づく競争入札に係る情報の公表」などでも、すでにさまざまなシステムが稼働していることが窺われる。

　「このような既存システムと新たな民事訴訟の IT 化システムとをどのように結合するのか」は、情報セキュリティの観点からも大きな課題のはずであるが、検討会では必ずしも十分な検討は加えられていない。この点については、第 8 回の検討会で、委員から「いろいろなシステムも動いている。これらを…（中略）…どのタイミングで新しいシステムに切りかえていくのかは非常に大きな問題だと思う」「そのタイムスケジュールに合わせて、どのタイミングで、どのようにセキュアな内容がやりとりされることになるかを設計しないと、セキュリティ対策が立てられないと思う」と指摘されている。

4.5.7　今後の展望

その後、2018 年 9 月に「民事裁判手続等 IT 化研究会」[44]が設置された。

同研究会では、検討会では時間的な制約から必ずしも十分に検討することができなかった項目についても議論されており、今後の議論のとりまとめが注目される。

4.6　eディスカバリとデジタル・フォレンジック

4.6.1　eディスカバリとはどのようなものか

eディスカバリについて述べる前に、まず、ディスカバリについて見てみたい。

ディスカバリという制度自体は、コモン・ローをベースとする法制度[45]を採る諸国に見られる制度である。しかし、わが国で「ディスカバリ」が言及される場合には、米国の民事訴訟等[46]における、証拠及び証拠関連情報の開示手続を指すことがほとんどであるといえよう。そして、米国法におけるディスカバリは、その母法である英国法のもとでのディスカバリと比較しても、かなり特異な進化を遂げている。本節でも、その文脈でディスカバリについて論ずることとする。

「米国のディスカバリが、どのような経緯で現在の形をとるようになったか」に関しては、紙幅の制約もあり、本節でその詳細[47]についての説明を行うことは困難である。ここでは、米国ディスカバリ制度の一つの典型[48]として、米国

---

44)　商事法務研究会「民事裁判手続等 IT 研究会　研究会資料・参考資料」(https://www.shojihomu.or.jp/kenkyuu/saiban-it)

45)　コモン・ローをベースとする法を総称して英米法とよぶことも多いが、この法制度は旧英国植民地を中心に世界各地に広がっているうえ、英国法と米国法との間でも差異が無視できないほど大きいため、できる限りの正確性を期すべく、ここでは英米法に代わりコモン・ローという呼称を使用する。

46)　正確には、民事訴訟だけではなく、そこでのディスカバリ手続が準用されるようになった各種法的調査等も含む。

連邦民事訴訟規則のもとでのディスカバリについて簡単に見てみよう。

　米国連邦民事訴訟規則 26 条(b)項(1)は、ディスカバリの対象となる事物や情報は、①各当事者の主張や反論に関係し、②弁護士と依頼者との間の秘匿特権の対象ではなく、③諸般の事情を考慮した場合に、その事物や情報の開示を求めることが、事件の解決との関連で、費用対効果の観点などから均衡のとれたものであるとともに、その解決にも役立つものである一方、④ディスカバリの対象となる事物や情報は、必ずしも証拠として採用されるものでなくてもよい、と規定する[49]。

　もしも、読者が日本で訴訟を経験したことがあれば、米国のディスカバリが、日本における証拠開示手続とはかなり違うことを感じてもらえるであろう。ディスカバリの対象は、証拠だけではなく、証拠に関連する事物や情報にもわたる広いものであり、例えば企業がひとたび訴訟に巻き込まれると、事実審の準備段階で、大量の証拠の特定、収集、分析等を行わざるを得ず、日常業務にも多大な影響を被ることとなる。

　さらに、近年の電子情報技術の進歩とともに、「電子的に保管された情報」(Electronically Stored Information：ESI)の量が爆発的に増大してきている。これはとりもなおさず、訴訟の場面で、証拠として ESI が提出されることが当たり前となってきていることを意味する。ところが、これまでの訴訟などで証拠として重要であった有体物や文書とは異なり、ESI はその量が膨大であり、複製や改ざんが容易であるといった特徴がある。そのため、ESI を証拠として扱うにあたり、ESI 特有の新たな問題が生じてきているのである。

　そこで、証拠としての ESI の増大という事態にディスカバリ制度を整合さ

---

47)　簡潔にまとめたものとして、例えば、寺元振透編集代表『クラウド時代の法律実務』〔橋本豪〕219 頁以下（商事法務、2011 年）。
48)　米国には、連邦の他にも各州などの多数の法域(jurisdiction)があり、それぞれが独立に民事訴訟制度を有する。
49)　THE COMMITTEE ON THE JUDICIARY HOUSE OF REPRESENTATIVES *"Federal Rules of Civil Procedure"*, Rule 26(b)(1), 2017 (https://www.uscourts.gov/sites/default/files/civil-rules-procedure-dec2017_0.pdf)

せようとして展開してきているのが、eディスカバリなのである。米国連邦民事訴訟規則においては、2006年12月1日の改正で初めてeディスカバリ関連の規定が盛り込まれた。eディスカバリとは、「法的手続において、電子的に保管されている情報とその所在を特定し、当該情報を保全、収集し（訳者注：開示のための）準備を行い、精査のうえ開示する過程のこと」と定義できるであろう[50]。

4.6.2　米国ではデジタル・フォレンジックはどのように捉えられているのか

　米国で比較的認知度が高いと思われる、法律家向けのデジタル・フォレンジックの教科書では、デジタル・フォレンジックとは「法律的事象に科学を適用、応用するもの」であるという[51]。そして、最も広く受け入れられているデジタル・フォレンジックの定義は、コンピュータ・フォレンジックの定義から来ており、それは「犯罪科学的に見て問題がなく一般的に認容された、プロセス、ツール、慣行にのっとって、法的事象に関連して電子的証拠を収集、保全、分析、提示する」ことであるとする[52]。換言すれば、デジタル・フォレンジックとは、「人間と（訳者注：テクノロジーと）の相互作用の結果として、人間により作られたものとテクノロジーにより作られたものの両方が証拠に含まれる場合に、コンピュータ技術を法律的事象に適用するもの」である[53]。

　では参考までに、わが国で、どのようにデジタル・フォレンジックが捉えられているか見てみよう。デジタル・フォレンジック研究会のWebサイトでは、デジタル・フォレンジックとは「インシデントレスポンス…（中略）…や法的紛争・訴訟に際し、電磁的記録の証拠保全及び調査・分析を行うとともに、電磁

---

50)　The Sedona Conference Glossary: *E-Discovery & Digital Information Management* (*Fourth Edition*), The Sedona Conference Journal Vol.15, p.323, 2014.

51)　Larry E. Daniel, Lars E. Daniel: "*Digital Forensics for Legal Professionals*", p.3, Syngress/Elsevier, 2012.

52)　同上。

53)　同上。

的記録の改ざん・毀損等についての分析・情報収集等を行う一連の科学的調査手法・技術」である、と定義している[54]。

　米国と日本とで、若干定義にニュアンスの違いはあるものの、デジタル・フォレンジックとは、「法的事象や手続との関係で、科学技術的手法を用いて証拠の収集、分析等を行うものである」という理解は共通しているといえよう。「フォレンジック」という言葉が、しばしば「鑑識」と訳されることからもわかるとおり、デジタル・フォレンジックは、法的事象や手続と密接な関係をもっているのである[55]。

4.6.3　e ディスカバリとデジタル・フォレンジックとの関係はどう捉えるべきか

　上述のとおり、デジタル・フォレンジックは、法律的事象や手続と密接な関係を有するので、当然、e ディスカバリともいろいろなかたちでの交錯が見られる。それでは実際には、デジタル・フォレンジックは、e ディスカバリのプロセスにどのように関わってくるのであろうか。

　自らが訴訟を提起するか、又は自らに対して訴訟が提起されるかした場合には、その時点から訴訟準備を開始せねばならないのは当然のことといえよう。そして、その時点から証拠保全の必要性が生ずるのも、自明のことであろう。しかし、それ以外に、証拠保全の必要が生ずる場合はないのであろうか。

　証拠保全義務は、リティゲーションホールド（Litigation Hold）[56]という手続との関係で理解することが有用であろう。リティゲーションホールドとは、訴訟準備のために証拠の保全を開始すること、又は、証拠を保全した状態である

---

54)　デジタル・フォレンジック研究会「デジタル・フォレンジックとは」（https://digitalforensic. jp/home/what-df/）

55)　なお、蛇足ではあるが、「デジタル・フォレンジック」という言葉について一言。英語で「デジタル鑑識学」や、デジタル・フォレンジックに関する技術・技能の総称といった意味でいう場合には、"digital forensics" と複数形を使うのが通常であるので、ご注意いただきたい。

56)　「訴訟ホールド」という訳語も使われるが、日本語として生硬に感じられるので、あえて訳さず、カタカナのまま使用した。

が、これは、「どの時点で証拠保全義務が生ずるのか」という問いと表裏一体のものと考えられる。そして、「どの時点で証拠保全義務が生じリティゲーションホールドを開始せねばならないのか」「証拠保全、すなわちリティゲーションホールドはどのように行われるべきか」ということについては、判例により指針が示されている[57]。

　当該判例によって、「証拠保全義務は、当事者が「常識的、合理的に考えて訴訟が起きるであろう」と予期した時点において生ずるものとされ、その時点でリティゲーションホールドが開始される必要がある」とされた。また、その際に行うべきこととしては、以下の点などが、列挙された[58]。

① 　通常の文書保管規定に従った文書の廃棄を止めること

② 　リティゲーションホールドによる証拠保全を確実なものとするため、当事者を代理する弁護士は、自らの依頼者の文書保管規定やデータ保管の枠組みに精通すること

③ 　弁護士は、IT 担当者、当該訴訟で鍵を握るであろう人物等と密接に連絡をとり、それまで彼らがどのようにデータを保管してきたか、しっかりと把握すること

④ 　上述のとおり、弁護士は積極的にリティゲーションホールドが遵守されるよう監視することにより、ディスカバリの対象となる証拠となり得る文書の保管場所がすべて特定され、検索されるようにすること。

⑤ 　そのうえで、弁護士はこれらの証拠となり得る文書を保全し、相手方当事者の要求に応じ提出すること

　ここで、デジタル・フォレンジックの主たる機能は、「法的事象に関連して電子的証拠を収集、保全、分析、提示する」ことなのであった。したがって、リティゲーションホールドの実施にあたっては、当初からデジタル・フォレン

---

57)　Zubulake v. UBS Warburg, 229 F.R.D. 422（S.D.N.Y. 2004）．厳密にはこれに先立つ同事件での裁判所命令である、Zubulake v. UBS Warburg, 220 F.R.D. 212（S.D.N.Y. 2003）においても、証拠保全義務についての言及があるが、前者がそれを引用しつつ、より包括的な説明を行っているため、以下の記述は前者による。
58)　同上。

ジックが重要な役割を果たすことは、言を俟たないであろう。具体的には、リティゲーションホールド開始後すぐに、弁護士、e ディスカバリサポートのコンサルタントに加え、デジタル・フォレンジックの担当者をメンバーとしてチームを組成することが、初動として重要となる。

　このようなチームは、まず、弁護士を中心として、依頼者の文書管理規定とIT システムとを確認し理解することで、証拠となり得る文書の在処を特定する。そして、特定された文書の保管場所において、頻繁にデジタル・フォレンジック的手法[59]を用いながら、対象となる文書の検索を行っていくことになる。

4.6.4　e ディスカバリに際してデジタル・フォレンジックで注意すべき点はあるか

　ESI が証拠となる場合の問題点は、ESI がこれまでの紙ベースの文書と比べた場合に、脆弱で、容易に改変可能な性質をもつことから生じる[60]。すなわち、ESI を証拠とする場合、通常の紙ベースの文書の場合よりも、その真正性を担保するために、さまざまな考慮と対策がなされる必要があるということなのである。これは、「紙の文書と電子文書とを比較した場合、どちらが容易に偽造可能か」ということを考えただけでも、容易に理解されることであろう。

　真正性の担保ということについて、デジタル・フォレンジックとの関連で技術的に注意すべき点も多々あるが、弁護士が注意することは、まず、chain of custody であろう。chain of custody というのは、証拠の収集、保全、分析といった履歴を記録することで、「証拠が加工されたり、改ざんされたり、すり替えられたりしていない」ということを証するものである。

　e ディスカバリにおける証拠の収集、分析、保全というプロセスは、デ

59）　デジタル・フォレンジック的手法の具体例については 1.2 節及び 1.3 節を、具体的な手法については第 2 章を参照。

60）　Kara Nance & Daniel J. Ryan: *"Legal Aspects of Digital Forensics: A Research Agenda"*, IEEE COMPUTER SOCIETY DIGITAL LIBRARY, 2011（https://www.computer.org/csdl/proceedings/hicss/2011/9618/00/05719007.pdf）

ジタル・フォレンジックサイドからより具体的にこれを見ると、①収集されるべき証拠の特定(identification)、②収集(collection)、③必要な場合は移動(transportation)、④(フォレンジックコピーの作成などによる)データの取得(acquisition)、⑤(コピーが真正であることの)検証(verification)、⑥分析(analysis)、⑦保全(preservation)、⑧最終的な処理(final disposition)、というステップをとる[61]。chain of custody とは、それぞれの段階とそこから次の段階に移る際に行われた作業の、場所、日時、内容等をはじめとして、詳細な履歴を文書に残しておくことで、証拠の真正性に疑義がないことを証するものなのである。

4.6.5 eディスカバリに際してデジタル・フォレンジックをどのように活用できるか

これまで、デジタル・フォレンジックとeディスカバリとの関係について、どちらかといえば、守りの観点から解説をしてきた。例えば、「証拠保全義務を果たすにはどうすればよいのか」「どのように証拠の真正性を担保するか」といったように、「自らの立場を効果的に防衛するにはどうすればよいか」という問題意識である。

これとは逆に、デジタル・フォレンジック的手法は攻めの方向でも活用できることについて、若干付言しておきたい。例えば、相手側当事者から証拠として提出された ESI を、デジタル・フォレンジック的手法で分析してみてはどうだろう。なかなか困難なことではあろうが、それにより、万が一にも、当該証拠の真正性に疑念を生じさせることができれば、その証拠は採用されなくなるかもしれない。また、もしも当該証拠が改ざんされていたことが発覚すれば、改ざんを行った当事者は、それによる制裁を受けることになるかもしれない[62]。

このように、デジタル・フォレンジック手法を「攻め」に活用しようとする

---

61) Larry E. Daniel, Lars E. Daniel: *Digital Forensics for Legal Professionals*, pp.27–31, Syngress/Elsevier, 2012.

場合、効果的なのはメタデータの分析であろう。現行の米国連邦民事訴訟規則の下では、当事者間にメタデータをディスカバリの対象から除くという明示的な合意がない限り、メタデータもディスカバリの対象となるものと理解されている[63]。したがって、証拠の開示をオリジナルの形式（native format）で行うよう要求することで、メタデータの分析も可能となり得る。このような攻め手については、十分認識しておく必要があるであろう。

---

62) 例えば、THE COMMITTEE ON THE JUDICIARY HOUSE OF REPRESENTATIVES *"Federal Rules of Civil Procedure"*, Rule 37(e), 2018(https://www.uscourts.gov/sites/default/files/cv-rules-eff._dec._1_2018_0.pdf)

63) Eileen B.Libby: *"What lurks within: Hidden Metadata in Electronic Documents Can Win or Lose Your Case"*, Center for Professional Responsibility, 2007(https://www.americanbar.org/content/dam/aba/administrative/professional_responsibility/what_lurks_within.authcheckdam.pdf)

第5章

さまざまな事業とデジタル・フォレンジックの実務

5.1 医療分野とデジタル・フォレンジック

5.1.1 デジタル・フォレンジックは医療分野でどのように役立つか

医療分野では、他分野同様、業務の多くが IT に依存するようになっている。例えば、患者の診療履歴などを電子的に管理するための電子カルテシステムは多くの病院で利用されている。医療活動の多くが電子的にシステム上で記録されるようになったことは同時に医療従事者の活動履歴がログとして管理されるようになったことも意味する。

例えば、医療過誤に係る訴訟のなかで、医療従事者が電子カルテシステムに登録した診療内容の誤りを事後的に改ざんしていないかなどの観点より、弁護士がシステム上のログを検証するケースがある。しかしながら、システム面の制約によりログを電子的に検証できず、ログの内容を紙資料へすべて印刷したうえで検証しなければならないことも多い。このようなケースにおいて、デジタル・フォレンジックは役に立つといえる。

加えて、近年、医療分野では、個々の病院が患者を単独で診るのでなく、患者の居住地域における病院、クリニック、介護事業者等が連携したうえで一体的な医療行為を提供する地域包括ケアシステムという仕組みが浸透し始めている。この仕組みのもとでは、異なる組織に所属する医療従事者がそれぞれの目的に応じて、患者の情報へアクセスする必要がある。一方、患者の情報とは病歴などのセンシティブな内容を含んでおり、例えば、医療従事者であったとしても、必要最低限のアクセス権限のみが認められるべきである。さらに、患者の容態は予期せず変化するものであるため、患者情報へのアクセス権は、医療行為の内容に応じて、常に柔軟に見直されなければならない。こうした複雑な

アクセス権限の管理が正当に行われているのかについて監査を行うためのツールとして、デジタル・フォレンジックは有効といえる。例えば、以下のような事項の監査において強力な効果を発揮すると考えられる。

① 医療従事者による患者情報への（通常時、又は緊急時の）アクセスが適切に実施されているか

② システム上の不具合、アクセス権の管理不備等に伴う、（過失・故意を問わぬ）内部関係者によるアクセス違反が発生していないか

③ 医療情報システムの保守事業者などによるアクセスが、システム保守の目的に収まっているか

このようにデジタル・フォレンジックという技術は、法的な手続の効率化という観点のみでなく、「複数組織にまたがる医療従事者が本来遵守されるべきルールにもとづき複雑なシステム運用を実施できているのかどうか」を監査するためのツールとしても、医療分野で役立つものといえる。

5.1.2　医療分野のログはどのような形式での取得が求められているか

デジタル・フォレンジックを行うための医療情報システム上のログについて、日本の医療分野では、主に以下の 2 つのガイドラインにより具体的な管理義務が課されている。

① 個人情報保護委員会／厚生労働省：「医療・介護関係事業者における個人情報の適切な取扱いのためのガイダンス」（平成 29 年 4 月 14 日）

② 厚生労働省：「医療情報システムの安全管理に関するガイドライン（第 5 版）」（平成 29 年 5 月）

特に「医療情報システムの安全管理に関するガイドライン」では、医療情報システムへのアクセスログについて、ログイン時刻、アクセス時間、ログイン時に操作した患者が特定できることといった詳細なログ形式を指定している。また、ログ自体の改ざんが行われないように配慮することも同時に求められている。

これらのログの要求事項はデジタル・フォレンジックという技術の適用を前提として定められたものではないが、デジタル・フォレンジックによる検証を行ううえでは有益なログ形式であるといえる。

5.1.3 医療分野でのデジタル・フォレンジック普及を妨げる要因とは何か

5.1.1 項に記すとおり、デジタル・フォレンジックは医療分野においても有用である。また、5.1.2 項のとおり、医療情報システムにはデジタル・フォレンジックにとって有益なログ形式の取得がガイドラインとして求められている。それにもかかわらず、この分野にはそれほどデジタル・フォレンジックは浸透していない状況である。なぜであろうか。

医療の現場では、患者への医療行為をさまざまな医療従事者が提供する。さらには単一の組織でなく、複数の組織にまたがりながら提供することも一般的である。加えて、患者の容態は刻一刻と変化するとともに、医療従事者も常に十分な人的リソースを確保できるわけではない。そのため、患者のケアを本来の計画とは異なる医療従事者が行うことも非常に多い。医療の現場では、目の前で苦しむ患者をケアすることが業務上の第一義的な目標であり、その観点より医療情報システムも利用される傾向がある。

例えば、ある患者の病歴は特定の医師のみがアクセス可能だとしても、その医師が別の急患対応で手が離せない状況を考えてみよう。仮に患者の容態が急変し、別の医師がケアをしなければならなくなった場合、呑気にその患者情報へアクセスするための権限申請を行っている時間はない。秒単位のケア着手の違いにより、患者への影響は大きく左右される。このような状況がほぼ常態化している医療の現場においては、事前に厳格なアクセスポリシーを定めていたとしても、それを確実に遵守することは極めて困難であるといえるだろう。

医療現場においては、医療行為の可用性が最重要視されているため、ログから行為の正当性の有無を事後的に検証しようとしても、結果的に「現場の論理」が優先されていることがデジタル・フォレンジックの適用を困難にしてい

る原因といえるだろう。

5.1.4　医療分野でのデジタル・フォレンジック普及を促進するための視点とは

　5.1.3 項に記すとおり、「現場の論理」は医療現場にデジタル・フォレンジックを普及させることを妨げる要因となっている。しかし、これを逆に考えれば、普及促進の要因も案出できるといえる。

　限られた人的リソースのなかで、患者個々の容態に柔軟かつ動的に対応しなければならない医療の現場において、デジタル・フォレンジックという技術は、医療従事者のポリシー違反を摘発する監視者という位置づけであってはならない。つまり、ポリシー違反が「現場の論理」によって発生したとしても、その行為の正当性を積極的に証明する証人として、デジタル・フォレンジックは位置づけられなければならない。

　デジタル・フォレンジックという言葉には、犯罪捜査や法廷係争等、ネガティブな局面に適用される技術というイメージが先行しがちである。しかしながら、この技術は単に犯人探しのための技術ではない。犯人の疑いをかけられた人間が、己の倫理的な使命にもとづき、正しい行為を行っていることを証明するための支援ツールという役割をもっている。

　医療従事者はそれぞれ己の信念にもとづいて、患者のケアという目的に向かって最大限の努力を行っている。デジタル・フォレンジックはそのような医療従事者の行為の正当性を電子的な証拠にもとづき証明することで、医療従事者の活動を支援する。そのような信頼できる味方としての認知度を高める必要があるといえる。

　今や医療分野の IT 化はさまざまに推進されている。AI による医療診断、診療情報等のビックデータ分析、医療機器類やスマートデバイスを介した患者情報のリアルタイムモニタリング等、さまざまな取組みが官民一体となって行われている。しかしながら、IT 化は医療分野における「現場の論理」と相反しがちである。この相反の解消を意識し、IT 化の大波のなかでも医療従事者

の活動を支援する視点を確実に実装できるか製品がどれほど輩出されるだろうか。この点が今後の医療分野におけるデジタル・フォレンジック普及のポイントになるといえるだろう。

5.2　画像データとデジタル・フォレンジック

5.2.1　画像データとは

本項では、画像データはデジタルビデオカメラ、ドライブレコーダ及びスマートフォン等により、ハードディスクやSDメモリーカード等の記録媒体に動画像又は静止画像として記録されたデジタル画像のことをいう。

以下では、画像データに対するデジタル・フォレンジックを「画像フォレンジック」ということとする。

5.2.2　画像フォレンジックの効果は

防犯カメラ、ドライブレコーダ及びスマートフォンの普及にともない、犯罪捜査や交通事故調査等に画像データが欠かせないものとなってきている。

図5.1は、警察庁の2017年の犯罪統計データをもとに作成した。図5.1は、刑法犯（交通業過を除く）検挙件数に占める被疑者を特定した端緒別の割合を示している。防犯カメラが端緒となった件数（約6%）は、割合としては低いが、指掌紋やDNA型等の他の端緒と比較すれば、被疑者特定の有効な手段であることがわかる。

5.2.3　画像フォレンジックの一般的な手順は

本項では、画像フォレンジックの一般的な手順を解説する（図5.2）。

犯罪が発生すると、捜査官などは、現場付近のコンビニエンスストアや被疑者の逃走経路と予測される駅等に設置されている防犯カメラ及び入手可能な場合には現場付近を通過した車両のドライブレコーダや通行人のスマートフォン

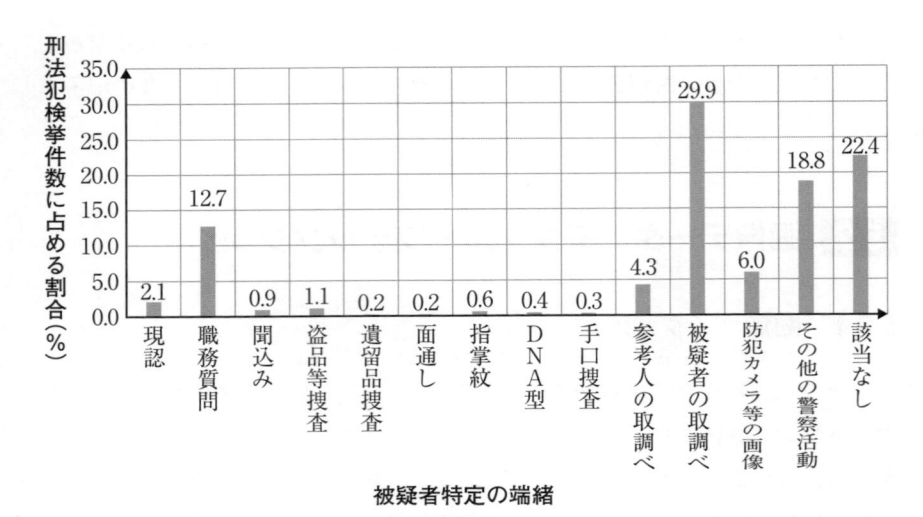

出典）　警察庁「犯罪統計書　平成 29 年の犯罪」(https://www.npa.go.jp/toukei/soubunkan/
h29/pdf/H29_ALL.pdf) をもとに作成

図 5.1　主たる端緒別被疑者特定状況

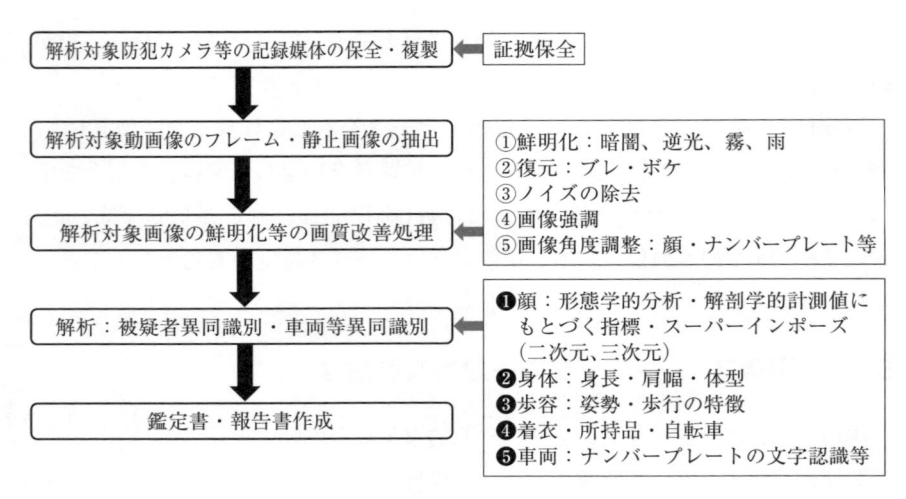

図 5.2　画像フォレンジックの手順

により記録された当該事件に関わる画像データが記録された記録媒体又は画像データの複製を取得して、解析し、被疑者の特定や逃走経路の解明にあたる。

　画像フォレンジックを担当する鑑定者は、証拠保全された画像データから、被疑者などの画像が記録されている動画像のフレームや静止画像の抽出を行う。暗闇など光量不足により画像が黒つぶれになっているなど、解析が困難な場合は、当該画像の鮮明化処理を行う。また、画像にブレなどが生じていれば元の画像の復元処理を行う。

　次に、鑑定者は防犯カメラなどにより記録された被疑者の顔画像と捜査などで入手した被疑者の顔画像との照合を行い、「同一人物であるのか否か」の異同識別を行う。顔画像が不鮮明な場合や顔を隠している場合は、着衣や歩容、持ち物等を分析し異同識別を行う。

　犯行に使用された車両が記録されている場合、鑑定者などは、車両ナンバーなどから該当車両の識別を行う。

　自動車事故が発生すると、交通事故捜査の他、保険会社による調査が行われる。事故車両にドライブレコーダが搭載されていれば、当該画像データは事故原因などの解明に用いられる。

　最後に、鑑定者などは異同識別の結果にもとづき鑑定書や報告書を作成する。

5.2.4　画像鮮明化処理及び復元処理とは

　証拠保全された画像が劣化している場合、画像の鮮明化処理などを行う。画像の劣化は、防犯カメラなどのダイナミックレンジと階調不足（黒つぶれ、白飛び、輝度分解能不足）、防犯カメラなどの焦点が合わないことによるボケ、車両など対象物の移動によるブレ、電子回路の熱雑音にもとづくガウス性ノイズ及び画像圧縮にともなうブロックノイズ等に起因している。

　ここで、画像鮮明化処理の例を示す。

　図5.3は、階調補正を行った例である。左の画像は暗闇を撮影した黒つぶれの画像と当該画像の輝度ヒストグラムを、右の画像は階調補正を行った画像と輝度ヒストグラムを示している。なお、輝度ヒストグラムは横軸が階調、縦軸

階調補正前

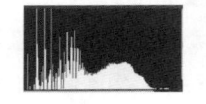
階調補正後

図 5.3　階調補正（例）

は画素数を表しており、横軸の左は暗く、右は明るくなる。

　次に画像復元処理の例を示す。

　図 5.4 は、ボケ画像の補正例である。右上の画像は補正前、右下の画像は補正後の画像を示している。

　図 5.5 は、ブレ画像の補正例である。右上の画像は補正前、右下の画像は補正後を示している。

　斜め横から撮られた走行車両の画像から車両ナンバーが読み取れない場合、画像処理によりナンバープレートの角度を補正することが行われる。**図 5.6** にナンバープレートの角度補正例を示す。

5.2.5　顔画像による被疑者の異同識別とは

　防犯カメラなどにより鮮明な被疑者の顔画像が取得できた場合、捜査で浮かび上がった被疑者の顔画像との異同識別が行われる。

　顔画像による異同識別は、顔の輪郭、眼、外鼻、口唇及び耳介等の大きさ（size）と形状（form）等の形態学的分析、人類学的（解剖学的）計測値にもとづく

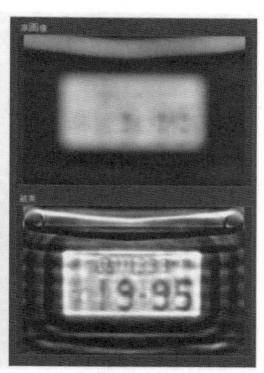

写真提供）　リーガルテック株式会社

図 5.4　ボケ画像補正（例）

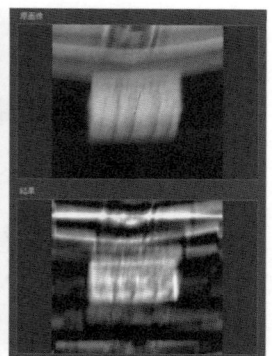

写真提供）　リーガルテック株式会社

図 5.5　ブレ画像補正（例）

指数の比較（**図 5.7**）[1] 及び顔画像と顔画像の重ね合せによるスーパーインポーズにより行われている。近年では、過去の検挙時などに撮影された三次元顔画像を用いて、防犯カメラなどの画像の角度に合わせて二次元画像を三次元画像

---

1)　**図 5.7** の例では、以下の指数など、12 の指数が用いられている。
　　眼角間指数＝左右内眼角間／左右外眼角間× 100
　　鼻指数＝左右鼻翼外側点間／（鼻根点 − 鼻下点）× 100

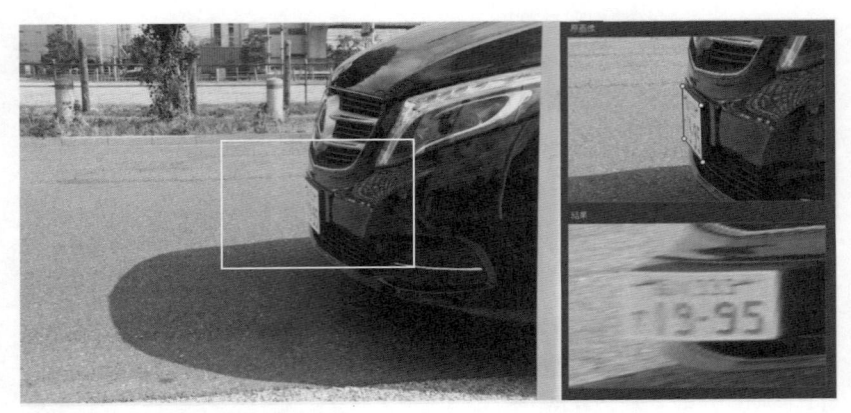

写真提供）　リーガルテック株式会社

図 5.6　角度補正（例）

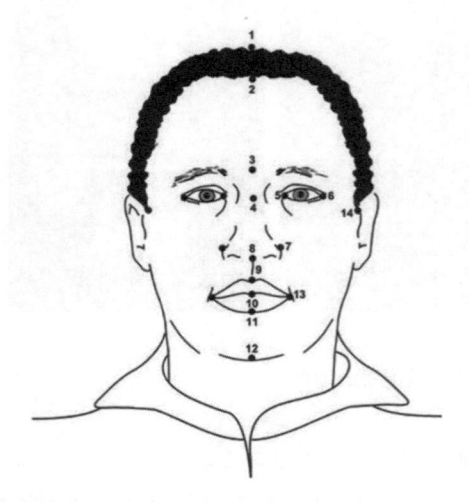

Biometric landmarks of the face
（顔の解剖学的標記点）
1　vertex（頭頂点）
2　trichion（トリキオン[注]）
3　glabella（眉間点）
4　nasion（鼻根点）
5　endocanthion（内眼角点）
6　exocanthion（外眼角点）
7　alare（鼻翼外側点）
8　subnasale（鼻下点）
9　labiale superius（上赤唇最高点）
10　stomion（口裂正中点）
11　labiale inferius（下赤唇最下点）
12　gnathion（オトガイ点）
13　cheilion（口角点）
14　zygion（頬骨弓点）
　注）顔面正中線と髪の生え際の交点

出典）　M.M. Roelofse 他、「Photo identification：facial metrical and morphological features in South African males」(http://citeseerx.ist.psu.edu/viewdoc/download?doi=10.1.1.1017.9706&rep=rep1&type=pdf)

図 5.7　顔の解剖学的標記点（例）

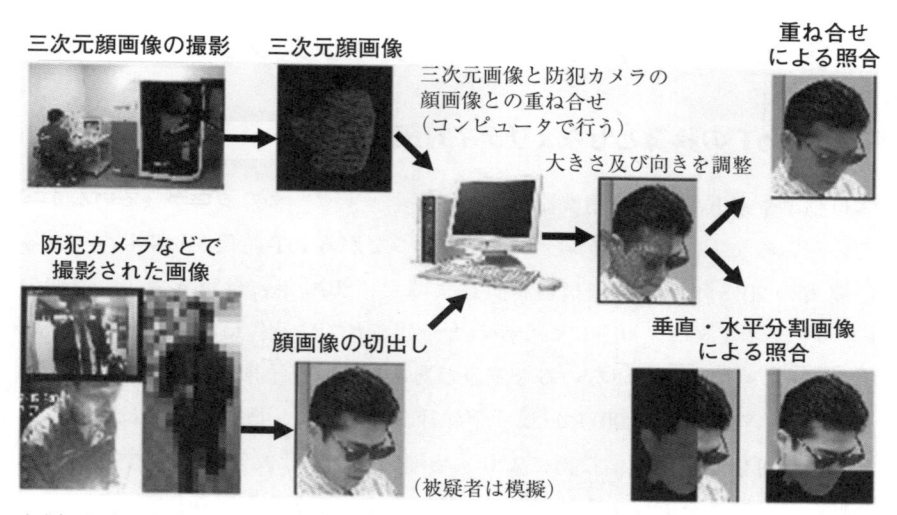

出典）　国家公安委員会・警視庁『平成 20 年警察白書』(https://www.npa.go.jp/hakusyo/h20/honbun/html/kd320000.html)

図 5.8　三次元顔画像のスーパーインポーズ

にスーパーインポーズを行う異同識別も行われている(**図 5.8**)。

　吉野らの 1997 年の論文[2]によると、過去 5 年間(1991 年〜1995 年)に実施された写真対写真による 99 例の異同識別(主として形態学的分析による)では、「同一人と推定される」が 62 例(62.6％)、「おそらく同一人と推定される」が 6 例(6.1％)、「同一人であって差支えないと推定される」が 17 例(17.2％)、「別人であると推定される」が 14 例(14.1％)であった。なお、同論文において、「同一人と推定される」評価基準は、形態学的検査項目又は人類学的計測検査項目の 5 項目以上に類似性が認められる場合やスーパーインポーズにより異同識別が行えた場合である。

---

2)　吉野峰生・宮坂祥夫・今泉和彦「過去 5 年間における顔写真鑑定の統計的検討」科学警察研究所報告　法科学編、Vol. 50、No. 1、pp.29-32、1997 年

5.3　IoT の進展とデジタル・フォレンジック

5.3.1　IoT の特徴とセキュリティ対策を考える

　自動車や家電品、医療用機器など、従来ネットワークにつながっていなかったいろいろな「もの」がインターネットにつながる IoT 時代が到来しつつある。総務省の 2015 年度の『通信白書』によると、2020 年には世界で 530 億個の「もの」がインターネットにつながると予想されている。IoT は、"Internet of Things" の略であり、いろいろな定義があるが、ITU（国際電気通信連合）の勧告（ITU-T　Y.2060（Y.4000））では、「情報社会のために、既存もしくは開発中の相互運用可能な情報通信技術により、物理的もしくは仮想的なモノを接続し、高度なサービスを実現するグローバルインフラ」であると定義している。

　本節では以降、ネットワークに接続される「もの」を「IoT 機器」とよび、IoT 機器や情報処理装置、ネットワークから構成されるシステムを「IoT システム」とよぶことにする。IoT システムを構成する IoT 機器には、例えば次のようなものがある。

　　① 制御装置　　　⑤ 医療機器
　　② 自動車　　　　⑥ 防犯カメラ
　　③ 情報家電　　　⑦ スマートメータなど
　　④ 電子掲示板

このIoT システムを導入することで次のようなことが期待されている[5]。

　❶ 「モノ（Things）」がネットワークにつながることにより迅速かつ正確な情報収集が可能となるとともに、リアルタイムに機器やシステムを制御することが可能となる。

　❷ カーナビや家電、ヘルスケア等、異なる分野の機器やシステムが相互に連携し、新しいサービスの提供が可能となる。

　このような利点をもつ IoT システムは、次のような特有な性質をもつといわれている[1]。

(性質1) 脅威の影響範囲・影響度合いが大きいこと

(性質2) IoT 機器のライフサイクルが長いこと

(性質3) IoT 機器に対する監視が行き届きにくいこと

(性質4) IoT 機器側とネットワーク側の環境や特性の相互理解が不十分 であること

(性質5) IoT 機器の機能・性能が限られていること

(性質6) 開発者が想定していなかった接続が行われる可能性があること

これらの性質は、**図5.9** に示すように IoT システムのリスクは大きくなりがちであり、セキュリティ対策が通常は困難である方向に作用することを示している。したがって、同時にセキュリティ対策の強化が重要となる。

IoT システムはいろいろな要素を含むため、セキュリティ対策を検討するにあたっては、層に分けて考えることが望ましい。いろいろな層の分け方が考え

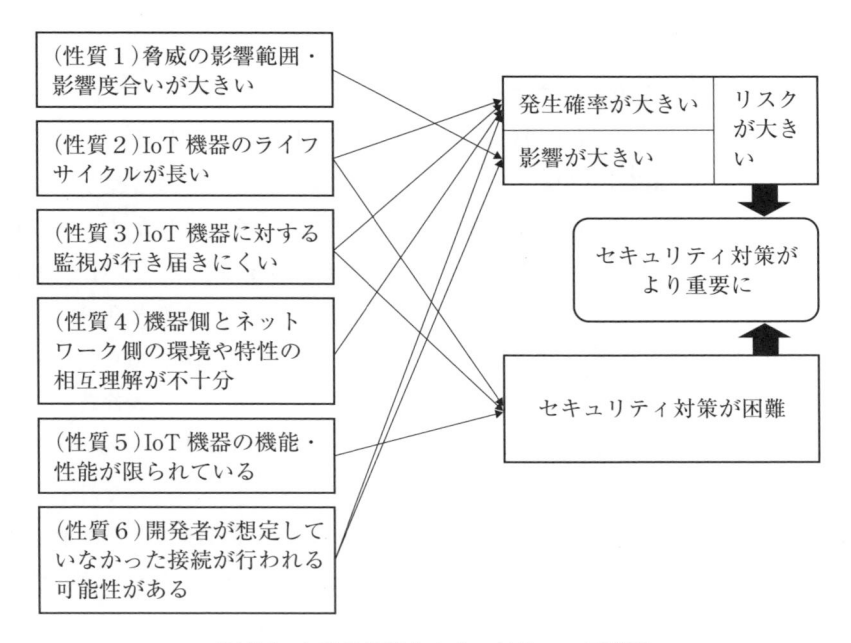

図 5.9 IoT の特徴とセキュリティへの影響

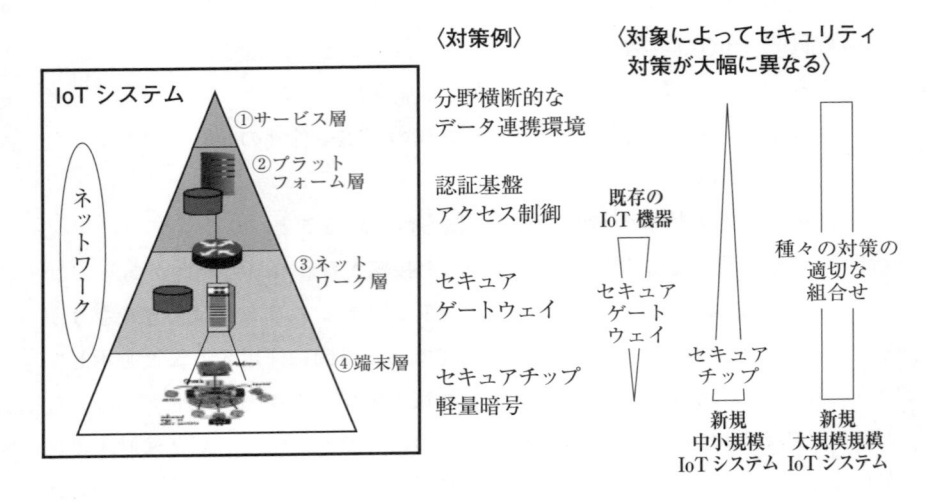

図 5.10　IoT のレイヤーリングと安全対策

るが、ここでは図 5.10 に示すように、①サービス層、②プラットフォーム層、③ネットワーク層、④端末層という分け方を採用した。これは、総務省が「IoT 総合戦略（改定案）」(2017 年 1 月 27 日)[2] のなかで提案したものである。

　IoT システムに対する適切なセキュリティ対策は、図 5.10 に示すように対象によって大きく異なる。例えば、新規の中小規模 IoT システムに対しては、端末ごとにセキュアチップを事前に組み込み、その認証機能と暗号化機能を利用してセキュリティを確保することが望ましい。一方、既存の IoT システムに対しそれをしようとすると、後からセキュアチップを設置する人件費などの膨大なコストが発生し現実的ではない。したがって、セキュアゲートウェイなどを用いてそれらの端末からのデータをフィルタリングするといった対策が適切となる。また、新規大規模規模 IoT システムに対しては、種々の対策を適切に組み合わせることが必要になる。いずれにしても適切なセキュリティ対策を決定するにあたってはセキュリティリスク評価を実施することが望ましい。

5.3.2 IoT 時代にデジタル・フォレンジック対策はどうなっていくのか

　IoT システムのフォレンジック対策も層別に検討していく必要がある。それぞれの層において考えられるフォレンジック対策の概要は、以下(1)〜(4)のとおりである。

(1) サービス層とデジタル・フォレンジック

　サービス層での直接的なフォレンジック対策はなく、「サービスごとに IoT システムの構成や機能が設定され、他の層でのフォレンジック対策が異なってくる」と考えるべきだろう。例えば、スマートメータを含むシステムでは、IoT 機器側から電力消費量などのセンサー情報を、ネットワークを経由してプラットフォームへ通信するサービスが中心になる。また端末は、スマートメータという比較的小さなものとなる。一方、自動車がインターネットにつながったコネクティドカーのサービスの場合は、経路ガイドや速度制限制御等において双方向の通信が必要となる。また、IoT 端末は自動車という比較的大きくいろいろな機能をもつものとなる。

　IoT システムは、このような目的に沿ったものに設計する必要がある。あわせてサービス機能が失われたような場合においては、「どの IoT 機器やネットワークやプラットフォームの障害が原因になっているか」を IoT システムの構成や機能から推定し、それにもとづき IoT 機器のフォレンジック対策やネットワークのフォレンジック対策、プラットフォームのフォレンジック対策を実施する必要がある。

(2) プラットフォーム層とデジタル・フォレンジック

　サーバー群に対するフォレンジック対策と基本的に同じであり、サーバーなどに保存されているログを利用してインシデントの状態や原因を調査する。これらのプラットフォームがクラウドで実現されている場合には、クラウドフォ

レンジックと同様に次のような問題がある。

- 多くのユーザーからファイルを含むサーバーを扱うことがプライバシー問題を生じさせる可能性がある。
- データを直接確認することができないので、証拠の信頼性がクラウドプロバイダーに依存する。最悪の場合は調査そのものをクラウドプロバイダーが実施してくれず、証拠が集められない可能性がある。
- 物理的にデータが分散している可能性があり、データの物理的位置がわからないことが調査を遅らせる可能性がある。

したがって、加入の段階で、「どのような構成、機能になっているか」をよく確認し、必要な調査をやってもらえるような契約にしておく必要がある。

(3)　ネットワーク層とデジタル・フォレンジック

主にゲートウェイ機能に対するデジタル・フォレンジックが必要となる。IoT システムにインシデントが生じた場合に、ゲートウェイにおける通信ログなどをフォレンジック分析することにより、「原因となる通信がなかったかどうか」を調査する。これは従来、ネットワーク・フォレンジックとよんでいたものと基本的に同じであり、具体的には、従来、エッジコンピューティングのフォレンジックとかフォグコンピューティングのフォレンジックといわれていたものに相当する。

(4)　端末とデジタル・フォレンジック

従来のパソコンなどに対するフォレンジック対策と基本的に同じであるが、次に示すような特徴がある（表 5.1)[3][4]。

- (a)　端末となる機器はサービスによって自動車や家電品、医療用機器等、多様である。また、古い機種も残っているため、ベースとなる OS も多様である。
- (b)　IoT 機器は増加の傾向にあり、2020 年には世界で 530 億個に達するといわれている。しかも、これらは固まって存在するのではなく、離れた

表 5.1　IoT フォレンジックの特徴

	端末の種類	端末の数	フォレンジック用装置	備考
IT のみのシステム	パソコンやサーバー中心で比較的少ない	多い（数十億個）	EnCase など標準的ツールが存在する	—
IoT システム	(a)自動車や家電品、医療機器等多様	(b)非常に多い IoT 端末数（数百億個）	(c) IoT 機器ごとに特注のツール（標準的ツールがない）	(d)デジタル・フォレンジックのための全体像の把握が困難 (e)デジタル・フォレンジックのためのコストが大きくなりがち

ところに分散して存在する。したがって、デジタル・フォレンジックを実施するのは簡単ではない。

(c)　デジタル・フォレンジックは EnCase や FTK のような標準的なツールが存在するのに対し、IoT フォレンジックは IoT 機器のハードやソフトに依存した個別に開発したツールで実施しており、標準的ツールが存在にない。

(d)　IoT システムは、一般に複雑で、IoT 機器間の相互干渉や IoT 機器と他のローカルやリモートの機器との関係の把握が困難なのでインシデントのケースを理解し、IoT の証拠として必要となるミニマムセットを検討するのが容易でない。

(e)　IoT システムは一般に複雑であり、多くの端末を含むのでそのデジタル・フォレンジックは、コストが予想以上にかかる可能性がある。

したがって、次のような対策が必要となる（図 5.11）。

①　IoT フォレンジックの効率的な実施のためには、デジタル・フォレンジックを前提とした IoT システムに設計の段階からしておくフォレン

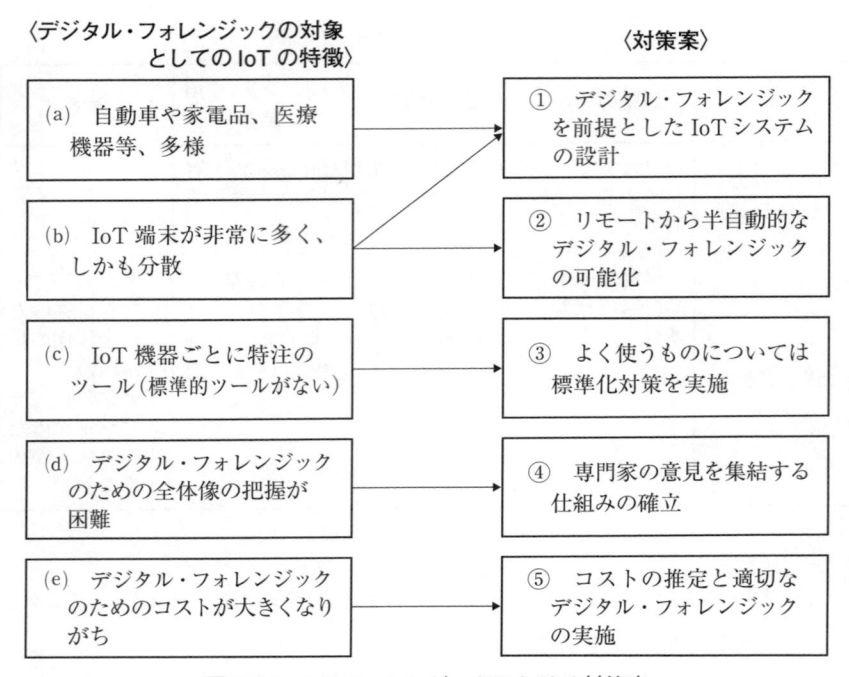

図 5.11　IoT フォレンジックにおける対策案

　ジック・バイ・デザインが大切となる。

② 　IoT 機器に対し、リモートから半自動的に実施できるようにしておく
　ことが望ましい。

③ 　よく使うものについてはデジタル・フォレンジックのための標準
　フォーマットなどを決める。また、より良いものを標準ツールとして集
　中的に使うようにする。

④ 　サービスや IoT 機器開発者、運用者、法律家等の専門家の意見を集
　結する仕組みを確立する。特に、法に触れないようにするとともに、証
　拠性を確保するためのリーガルチームとの相談は大切である。

⑤ 　事前にコストなどの推定を行い、必要最小限の対策を実施する。した
　がって、集められる証拠だけを集め、無理をして集めることによって逆

に証拠を壊すのを避ける。

　いずれにしても、IoT の普及は、セキュリティ対策や、その一部であるフォレンジック対策の必要性を増大させると考えられる。特に、証拠保全の厳密性よりも効率的な対応を特徴とするファスト・フォレンジックの重要性が増大していくと考えられる。なぜなら、ファスト・フォレンジックは、その特徴は次の 3 点であるといわれており [5]、これらは IoT システムにおいても必要な対応だからである。

❶　最小限のデータを取得して解析

❷　ネットワーク経由で直接調査

❸　ネットワーク経由でデータを常時収集

　また、IoT システムでは膨大なデータを扱うことになり、デジタル・フォレンジックのためのデータも膨大になる。したがって、リモートでのデータの収集機能とともに分析機能も半自動化する必要がある。この分析は自働化の比率を上げるため、機械学習などの AI(Artificial Intellgence)を使った効率的な分析が必要になっていく。

参考文献

［1］　総務省・経済産業省「IoT セキュリティガイドライン」2016 年 7 月（http://www.soumu.go.jp/main_content/000428393.pdf）

［2］　総務省「IoT 総合戦略(改定案)」(2017 年 1 月 27 日)（http://www.soumu.go.jp/main_content/000493851.pdf）

［3］　Jigang Liu: *"IoT Forensics—Issues, Strategies, and Challenges"*, 12th IDF Annual Conference（https://digitalforensic.jp/wp-content/uploads/2016/03/community-12-2015-07.pdf）

［4］　R.C.Hegarty, D.J.Lamb and A.Attwood: *"Digital evidence challenges in the internet of things"*, Proceedings of the Ninth International Workshop on Digital Forensics and Incident Analysis, pp.163–172, 2014

［5］　伊藤耕介「フォレンジックとは？インシデントの原因調査手法を解説！」Secure SketCH(2018 年 11 月 7 日)（https://www.secure-sketch.com/blog/fast-forensic）

第6章
デジタル・フォレンジック研究会15年史

6.1 デジタル・フォレンジック研究会15年史

6.1.1 15年を迎えたデジタル・フォレンジック研究会

　「デジタル・フォレンジック研究会」は、2004年8月23日に特定非営利活動法人として設立され、2018年8月で15年目を迎えた。この間のデジタル・フォレンジック研究会の活動を記録するには、毎週発行しているコラム（第15期末で第558号）や「証拠保全ガイドライン」を代表とする各種の公開資料等、15年間の各分科会やワーキングの活動資料等をあわせて見てもらう必要があるが、紙面の都合から毎年12月に開催してきた「デジタル・フォレンジック・コミュニティ」の開催テーマと開催趣旨を追いながら、その活動と本研究会の発展を象徴的に捉えてみたい。なお、各回の末尾に当該期における特記すべき事項を記した。

6.1.2 デジタル・フォレンジックの技術的啓発と普及活動期

■ 2004年　第1回

【テーマ】 「デジタル・フォレンジックの目指すもの―安全・安心な情報化社会実現への挑戦―」

【趣旨】 高度情報化社会の急激な進展とともに個人情報漏洩事件やウイルスの蔓延等が多発しており、これらに対処するためセキュリティホールの修正、ファイアウォールや侵入検知システムの導入等の受動的な措置が講じられてきた。また、官公庁、企業等における危機管理の一環としてインシデントレスポンスの重要性やコンプライアンス等への関心が急速に高まりつつある。それらへの有効な対策として"能動的な情報セキュリティ手法"である「デ

ジタル・フォレンジック」が注目され始めている。この啓発・普及を図り、健全な IT 社会の実現に貢献することを目的としてデジタル・フォレンジック研究会が設立された。その第 1 回目の活動発表の場としてコミュニティ 2004 を開催し、世界屈指のデジタル技術をもつ日本において、デジタル・フォレンジックに関する技術と法制度及び管理・監査・経営等について、より広く、深く"学びかつ議論する場"とした。

『COMPUTER & NETWORK LAN』(オーム社、2005 年 3 月)のフォレンジック特集(全 37 頁)執筆

■ 2005 年　第 2 回

【テーマ】「デジタル・フォレンジックの新たな展開―コンプライアンス、内部統制、個人情報保護のための技術基盤―」

【趣旨】　個人情報漏洩事件などのインシデントの多発やコンプライアンス、内部統制等への関心が急速に高まり"フォレンジック"という言葉もセキュリティ用語として徐々に認識され始めている。デジタル・フォレンジックの技術的進展や適用分野の広がりや法制度整備の動向、経営や監査的視点等の新たな展開に焦点を当て、国内外の講師による講演やパネルディスカッションと 4 つの分科会により参加される方々とより広く、深く"学びかつ議論する場"とした。

IDF 主催講演会(2005 年 7 月)：米国でのログ管理、フォレンジック分析事例及びコンプライアンスルール(SOX、HIPPA、FFIEC 等)の現状紹介ほか

分科会を設立：「技術」「法務・制度」「経営・監査」

「デジタル・フォレンジック専門書」出版企画開始(2006 年春季刊行)

6.1.3　デジタル・フォレンジックの法制度分野への提言期

■ 2006 年　第 3 回

【テーマ】「J-SOX 時代のデジタル・フォレンジック―信頼される企業・組織経営のために―」

【趣旨】 2005 年に「個人情報保護法」が全面施行され、2006 年は日本版 SOX 法（J-SOX）と称される「金融商品取引法」の成立や新会社法が施行された。その結果、情報漏洩や不正会計を牽制し、コンプライアンスを積極的に重視していく内部統制の整備は猶予を許さない時代を迎えた。SOX 法などによる内部統制、IT 統制が実施されている米国では増加傾向にある民事訴訟手続においても証拠情報の開示（Discovery）が求められ、開示情報の完全性とともに訴訟に直接関係のない内部情報や各種企業秘密等が不必要に開示（流出）されないようにすることが課題となっている。これらを実現する有効な技術としてデジタル・フォレンジックは必要不可欠なものとなっている。コミュニティ2006 では、「デジタル・フォレンジックを実際にどのように活用するか」を各界の有識者から提言してもらい、研究会の各分科会からは、「技術」「法務・制度」「経営・監査」の観点から具体的な方策を紹介・検討した。

分科会：「技術」「法務・制度」「経営・監査」

『デジタル・フォレンジック事典』（日科技連出版社、2006 年 11 月）

■ 2007 年 第 4 回

【テーマ】 「リーガルテクノロジーを見据えたフォレンジック—IT 社会における訴訟支援・証拠開示支援—」

【趣旨】 企業・組織には、内部統制の整備とともに内部不正や情報漏洩、各種の訴訟リスクへの適切な対策などが要請され、適時の情報開示や迅速な原因・事実究明及び説明責任（アカウンタビリティ）を果たすことが一層求められるようになってきた。情報及び証拠開示には、開示情報の完全性の法的保証が求められ、開示の対象となる情報及び証拠のほとんどが電子データのため、完全性を確保しつつ電子データを開示する技術・手法「デジタル・フォレンジック」の導入がますます必要となっている。米国では、民事訴訟手続における証拠開示（Discovery）において連邦民事訴訟規則（FRCP）が 2006 年 12 月に改正され電子的証拠開示（e-Discovery）が明文化された。日本におい

てもデジタル・フォレンジックの手法・技術を用いて完全性を証明すること
が必要不可欠となっていく趨勢にあると考えられる。コミュニティ2007で
は、国内外の実務運用などについての講演や研究会、技術説明会等で本テー
マに関する認識を深めた。

分科会：「技術」「法務・制度」「経営・監査」

『デジタル・フォレンジック事典』普及講演会（2007 年 5 月）

6.1.4　技術基盤としてのデジタル・フォレンジック提言・啓発期

■ 2008 年　第 5 回

【テーマ】　「グローバル化に対応したデジタル・フォレンジック—IT リスク
に備え、信頼社会を支える技術基盤—」

【趣旨】　SOX 法や e-Discovery 等が日本国内にも影響を与えており、グロー
バル化により日本に閉じた訴訟だけではない時代となった。グローバル化し
た IT リスクに備え、信頼社会を支える技術基盤としてのデジタル・フォレ
ンジックをより広い視点に立って普及・啓発する観点から、上場企業の決算
で経営者が内部統制報告書を提出したり、金融商品取引法などへの対応を行
う必要が出てきたことに着目したうえで、証券取引等監視委員会などにおけ
るデジタル・フォレンジックの活用を紹介し、グローバル化に対応するため
の一つの重要な技術基盤としてのデジタル・フォレンジックの活用について
提言した。

分科会：「技術」「法務・監査」（「法務・制度」「経営・監査」分科会を合併）、
新設「医療」

「コラム」連載スタート

■ 2009 年　第 6 回

【テーマ】　「事故対応社会におけるデジタル・フォレンジック—それでも起こ
る情報漏洩に備える—」

【趣旨】　情報セキュリティ政策や情報セキュリティ教育は、逐次普及・浸透し、

リテラシーも向上しつつあるが、組織・企業からの情報漏洩事故などは、引き続き発生している。これは「事前対策は当たり前」「迅速な事後対応・復旧活動を推進できる」ことが求められていても、その具体的対応は進んでいないことの証左ともいうことができる。このため、どのような施策・管理を行おうとも情報漏洩事故が発生することを前提としながら、事故が実際に起こったときに事実や原因を迅速に明らかにし被害を局限化するための対策を打つことの必要性がさらに高まっているといえる。常に発生する可能性のある情報漏洩に備え、また、不正競争防止法などの関連する法案なども見据えながら、事後対応の実効性を高める最も重要な技術・手法としてのデジタル・フォレンジックの活用について紹介・提案し、検討を深めた。

分科会：「技術」「法務・監査」「医療」

「証拠保全ガイドライン第 1 版」作成開始

省庁オブザーバー制度スタート

『実践的 e ディスカバリ』（NTT 出版、2010 年 3 月）

■2010 年　第 7 回

【テーマ】　「生存・成長戦略を支えるデジタル・フォレンジック—事業リスクを低減する技術基盤—」

【趣旨】　各種書類やデータ等はデジタル・データとして作成・送付・保管されているため、情報漏洩などの事故に備えデジタル・フォレンジック技術又は証跡管理・監査のような事実確認・検証ができる手段が必要だと考える企業などが増えてきている。事業リスクを早期にかつ効果的に発見・抑止し、法的対応を見据えた事後対応までを行えることが必要となる。そのための重要な技術がデジタル・フォレンジックであり、今やデジタル・フォレンジックは事故対応・抑止の観点のみならず、企業成長戦略の重要な要素として捉える必要がある。これらに関連する動向や企業等におけるそれらへの取組みの実態を紹介し、必要な技術や管理手法（考え方）等に関して啓発した。

分科会：「技術」「法務・監査」「医療」

IDF 主催講演会(法務と技術のコラボ 2010 年 9 月、2010 年 11 月)

「証拠保全ガイドライン第 1 版(団体会員取扱製品区分リスト収録)」2010 年 4
　月公開、同改訂 WG スタート

6.1.5　デジタル・フォレンジック実務者と関係組織等の拡大

■ 2011 年　第 8 回

【テーマ】　「実務適用が広まったデジタル・フォレンジック—事例・実務紹介
　から学ぶ—」

【趣旨】　尖閣ビデオ流出事件、FD 改竄事件、大相撲八百長事件、そして東日
　本大震災での水没で損傷を受けた大量のパソコンやサーバーからのデータ復
　旧等の各局面でデジタル・フォレンジック専用機材や専用ソフト、そして専
　門スキルが求められ、使われ、成果を上げた。また、国際カルテルや外国企
　業の収賄事件に対する欧米当局の取り締まりや製品安全の不具合、顧客情報
　漏洩等の不祥事に対する係争の当事者にわが国の企業がなるという法的リス
　クは一層厳しさを増し、このような事件、災害での電磁的データの調査・解
　析、復旧や係争に備えたり、経営判断に繋がる事実・実態確認のためにデジ
　タル・フォレンジックはますます必要となってきた。コミュニティ 2011 で
　は、事例・実務でのデジタル・フォレンジック適用を多く紹介するとともに
　研究会での検討と適用や活用について啓発した。

分科会：「技術」「法務・監査」「医療」

「証拠保全ガイドライン第 1 版」改訂 WG

「第 1 回 IDF 講習会(2011 年 9 月)」開催

NISC との「証跡管理のあり方」勉強会を 11 月より延べ 7 回実施

■ 2012 年　第 9 回

【テーマ】　「企業活動のグローバル化に伴うデジタル・フォレンジック基盤の
　確立—今、必要なリスク対策を考える—」

【趣旨】　デジタル・フォレンジックは、オリンパス事件などの調査に適用され

ただけでなく、三菱重工や衆参両議員会館等への標的型サイバー攻撃への調査でも使用されるなど、適用場面が増えた。さらに、情報漏洩などの兆候を早期に発見し迅速に処置をとるためにデジタル・フォレンジックの考え方を組み込んだ各種情報システムのログ取得・管理と分析を常時行う必要性を認識しなければならなくなり、また、企業活動のグローバル化に伴い当該国の法令による情報開示請求や知財侵害、贈収賄、カルテル等への対応要求リスクも高まってきた。これらに備えるため関連する事例や適用技術及び関係法令と企業の対応方法等を紹介し、クラウドでの情報消失事案についての考察も行った。

分科会：「技術」「法務・監査」「医療」

「証拠保全ガイドライン第 2 版」2012 年 7 月公開、同改訂 WG

「第 2 回 IDF 講習会（2012 年 9 月）」開催

NISC との「平成 23 年度政府機関証跡管理の在り方報告書」2012 年 7 月公開

FISC（2012 年 10、11、3 月）及び宇都宮地方裁判所（2013 年 3 月）へ講師派遣

10 周年（2013 年）企画検討委員会

■2013 年　第 10 回

【テーマ】「サイバー攻撃激化時代のデジタル・フォレンジック—社会の信頼を高める基盤へのロードマップを考える—」

【趣旨】　デジタル・フォレンジック研究会設立後の 10 年で、デジタル・フォレンジックは、コンピュータ・フォレンジックがさらに範囲を広げ、サイバー攻撃調査などではネットワーク・フォレンジックの適用場面も増えた。また、訴訟などに際しては膨大な調査対象データから事案に関係する電子データを仕分けして洗い出す技術（Predictive Coding）が開発されるなど、デジタル・フォレンジックは、より幅広く活用される時代へと変貌を遂げつつある。これらの要求に応えることにより社会の信頼を高める基盤となることが求められている。このロードマップを考えるため、現状を俯瞰し、技術的対応の他、人材育成や法的基盤整備の必要性を検討した。

分科会：「技術」「法務・監査」、休止「医療」

「証拠保全ガイドライン第 3 版」2013 年 6 月公開、同改訂 WG

「第 3 回 IDF 講習会（2013 年 9 月）」開催

『改訂版　デジタル・フォレンジック事典』（日科技連出版社、2014 年 1 月）

10 周年記念表彰式・シンポジウム（2013 年 8 月）

6.1.6　デジタル・フォレンジック適用分野の拡張・展開期

■2014 年　第 11 回

【テーマ】　「ビッグデータ時代のデジタル・フォレンジック─予兆把握、自動
処理に向けて─」

【趣旨】　本格的な大量データ処理にビジネスチャンスを見出そうとする企業が
増え、ビッグデータ利活用の障害であったパーソナルデータの取扱いについ
ても一定の規律が保たれる目途が立ち、いよいよ本格的なビッグデータ時代
の到来が予想される。フォレンジックの観点からは新たな課題として、大量
データの証拠保全や解析の難しさ、クラウドや SSD といった新技術基盤に
おける証拠保全のあり方などが喫緊の課題となっている。法律面でもクラウ
ド時代のデータ処理に起因する諸問題は早急に整理しておく必要がある。こ
れらに焦点を当て、技術と法の両面から議論した。

分科会：「技術」「法務・監査」、休止「医療」、新設「日本語処理解析性能評価」

「証拠保全ガイドライン第 3 版」2014 年 10 月公開、同改訂 WG

「第 4 回 IDF 講習会（2014 年 9 月）」開催

通常コース以外に簡易トレーニングコースを増設

■2015 年　第 12 回

【テーマ】　「IoT／クラウド、M2M のデジタル・フォレンジック─飛躍的に向
上する社会の利便性とともに─」

【趣旨】　インターネットを経由したクラウド・コンピューティング・サービス
が普及し、さまざまなデバイスがネットワークに接続され、クラウド上の

サービスと連携するようになってきた。IoT や M2M は、将来、日本が世界をリードできる分野であることから、デジタル・フォレンジックも、IoT、M2M に必要とされる手法・技術として寄与していくことが求められている。IoT や M2M に対応するデジタル・フォレンジックの技術的な課題や法的な課題を明らかにしておく必要があり、その方向性を議論した。

分科会：「技術」「法務・監査」「医療」「日本語処理解析性能評価」、新設「DF 人材育成」、新設「データ消去」

『「医療情報システムの安全管理に関するガイドライン」対応のための手引き』2016 年 3 月公開

「証拠保全ガイドライン第 4 版」2016 年 2 月公開、同改訂 WG

「第 5 回 IDF 講習会（2015 年 9 月）」開催

■ 2016 年　第 13 回

【テーマ】「実用化が進み始めた IoT ／自動化とデジタル・フォレンジック」

【趣旨】　道路交通における自動運転、物流における自動化等、大規模な社会システムにおける自動化の普及が現実のものとなり、社会の各領域での IoT の実用化が進むなか、セキュリティに関する問題を含め「情報システムに起因する事故への対応をどうするか」の検討も進められている。IoT の普及をにらんでデジタル・フォレンジックの側面から、IoT の実用化に向けて必要な取組みを検討した。

分科会：「技術」「法務・監査」「医療」「日本語処理解析性能評価」「DF 人材育成」「データ消去」

「証拠保全先媒体のデータ抹消に関する報告書」2016 年 4 月公開

「医療等の分野におけるフォレンジック技術の利用促進に向けて」2017 年 2 月公開

「証拠保全ガイドライン第 5 版」2016 年 4 月公開、同改訂 WG

「第 6 回 IDF 講習会（2016 年 9 月）」開催

6.1.7　デジタル・フォレンジック概念の拡張・転換期

■ 2017 年　第 14 回

【テーマ】　「見えない＊＊との闘い—事後追跡可能性とデジタル・フォレンジック—」

【趣旨】　ネットワーク環境の進展に伴い、近時は、痕跡を残さないサイバー攻撃などが多くなってきている。攻撃者も匿名化技術を活用するなど、攻撃手法の進化に伴い、従来のデジタル・フォレンジックの手法だけでは事実の解明や追跡調査・解析が容易でない状況も生じている。このような現況と趨勢を確認し、「今後デジタル・フォレンジックをどのように積極的に活用してゆけばよいのか」を検討した。

分科会：「技術」「法務・監査」「医療」「日本語処理解析性能評価」評価実施（DIT、FRONTEO）2019 年 1 月、「DF 人材育成」、休止「データ消去」、新設「DF 普及状況調査」

「デジタル・フォレンジック普及状況調査報告書」2018 年 3 月公開

「証拠保全ガイドライン第 6 版」2017 年 5 月公開、同改訂 WG、同京都での説明会 2017 年 6 月

「地域医療連携組織のためのポリシー作成ガイド」2017 年 4 月公開

「第 7 回 IDF 講習会（2017 年 9 月）」開催

「第 1 回優秀若手研究者表彰」(2017 年 12 月)

経産省「情報セキュリティサービス基準審査登録制度」検討委員（DF 分野担当）

■ 2018 年　第 15 回

【テーマ】　「デジタライゼーション × デジタル・フォレンジック」

【趣旨】　政府は「世界最先端デジタル国家創造」に向けた施策を重要課題と位置づけ、デジタルファースト法案を策定したり、各種デジタル改革プロジェクトを立ち上げる等しつつあり、世界的なデジタライゼーションの波が止ま

らない。サイバーセキュリティ戦略もあらゆるものがデジタル化され、かつネットワークやクラウドで繋がってゆくデジタライゼーション社会に適合するものとなってゆかねばならない時代を迎えている。この流れのなかでデジタル・フォレンジックの方向性について、ファスト・フォレンジックをはじめとする技術動向、司法の IT 化などの法制度整備、仮想通貨やブロックチェーンの発展等を見据えて有識者の講演と研究会による意見交換から今後を考える場とした。

分科会：「技術」「法務・監査」「医療」「日本語処理解析性能評価」評価実施（DIT、FRONTEO）2019 年 1 月、「DF 人材育成」、休止「データ消去」、「DF 普及状況調査」

「IDF 設立 15 周年表彰式・シンポジウム」2018 年 8 月

「証拠保全ガイドライン第 7 版」2018 年 7 月公開、同改訂 WG

「第 8 回 IDF 講習会（2018 年 9 月）」開催

「第 2 回優秀若手研究者表彰」（2018 年 12 月）

「デジタル・フォレンジック・コミュニティ2019 in 関西」企画推進（2019 年 2 月開催）

経産省「セキュリティサービス基準審査登録制度」検討委員（DF 分野担当）

『デジタル・フォレンジックの基礎と実務』（本書）刊行（2019 年 4 月）

6.2 デジタル・フォレンジックと事件史

6.2.1　デジタル・フォレンジックの黎明期とオウム真理教事件

　わが国の犯罪捜査におけるデジタル・フォレンジックの歴史は、1995 年の一連のオウム真理教事件から始まったといってよい。警察は信者の名簿が収録された記録媒体（当時はフロッピーディスク）や多数のコンピュータを押収した。しかし、なかには教団が独自に開発したソフトウェアが使われているものがあり、さらにはフロッピーディスクが暗号化されておりそのままでは読むことが

できなかった。これらの解析を行い名簿を解読したことが黎明期のデジタル・フォレンジックであり、また、この一件は、警察においてデジタル・フォレンジックの重要性が認識されるきっかけにもなった。

　また、一連のオウム事件の捜査のなかではコンピュータ時代に即した迅速な証拠の差押えを認める判断基準も示されている。1998 年の「浦和フロッピーディスク差押事件特別抗告事件」（最決平成 10 年 5 月 9 日刑集 52 巻 4 号 275 頁）では、警察側は教団が記録された情報を瞬時に消去するソフトウェアを開発しているとの情報を事前に得ていたことから、現場にて内容を確認することなくパソコン 1 台、フロッピーディスク 108 枚を差し押えた。このことにつき最高裁は「パソコン、フロッピーディスク等の中に被疑事実に関する情報が記録されている蓋然性が認められる場合において、そのような情報が実際に記録されているかをその場で確認していたのでは記録された情報を損壊される危険があるときは、内容を確認することなしに右パソコン、フロッピーディスク等を差し押えることが許されるものと解される」との判断を示している。

6.2.2　ライブドア事件

　堀江貴文氏がライブドアを率いていた当時、同社を舞台にさまざまな事件が起き話題となったが、デジタル・フォレンジックが本格的に使われたという観点からも、ぜひ書き留めておくべき事件だといえる。

　とは言うものの、そのうちの一つは、今となってはデジタル・フォレンジックとよぶには非常に稚拙なものである。2006 年 2 月、当時の民主党のある議員が、堀江氏が衆議院選挙に出馬した際に不正な選挙資金の振込み指示があったとする電子メールを入手したとして、それをプリントアウトした用紙が国会にて示された。しかしながら、その電子メールと称されるものの印刷物は多くが黒塗りされていて不明確な部分が多く、送信日時や宛先等のヘッダー情報の印刷箇所にも不自然なところがあるものであった。その最も重要な部分はX-Mailer：で、ライブドアで使われているメールソフトと一致しなかった。ライブドア側は当然、社内でも電子メールの送受記録を調べたのであるが、その

ような電子メールの記録はなかった。結局のところ、ねつ造された電子メールであることが後に判明する。

他方、同じく 2006 年 1 月に発覚したライブドア社の有価証券報告書虚偽記載問題についての証券取引法（当時）等違反事件で、東京地検特捜部はサーバーや端末として使われていたパソコンに対して徹底したデジタル・フォレンジック調査を行っている。電子メールなどの証拠となるものは消去された後であったのだが、サーバーログの調査やデータリカバリにより、最終的には消去された電子メールを復元し、それをもって有罪の証拠とした。本件は、それまで主に凶悪犯罪事件の捜査のために使われていたデジタル・フォレンジックが、不正会計などの調査にも使われその有効性を示したという点で意味のある事件である。

6.2.3　海上保安庁中国漁船衝突映像流出事件

尖閣諸島にて違法操業を行っていた中国漁船がその取締りを行っていた海上保安庁の巡視船に対して体当たりを行った映像は、その映像の過激さゆえに多くの人の脳裏に強く印象に残っているが、この映像がネット上に流出したこと自体が事件であり、その流出元の特定に際して、投稿先の端末を特定するという通信ログ解析としてのデジタル・フォレンジックが非常に大きな役割を果たしている。

2010 年 9 月に起きた衝突事件でその船長の身柄が拘束されたが、最終的には釈放され帰国した。それでも日中関係はギクシャクしたままであった。その後に、海上保安庁がそのときの状況を撮影した映像が存在することが判明するわけであるが、11 月、この映像が「sengoku38」という ID を用いた者より YouTube 上に投稿される。これは明らかに海上保安庁の職員が外部に流出させたということであり、国家公務員の守秘義務違反事案であるとともに、海保内部でのデータ管理のあり方が問われる事態となる。

YouTube（つまりは Google）の投稿記録を差し押さえて解析した結果、その IP アドレスから神戸市内のネットカフェより投稿されたものだと判明する。

ほぼ同時期に海上保安庁内の調査（本人が名乗り出たといわれている）によって、アップロードした職員が特定された。その結果、この映像データは教育用教材として海保内のファイル共有サーバーに保管されており、そこへのアクセス制限などが施されていなかったことが判明する。

　なお、この海上保安官はその後、停職1年の懲戒処分となり依願退職している。しかしながら東京地検は、守秘義務違反などの罪については不起訴（起訴猶予）処分とした。

6.2.4　大相撲野球賭博事件及び八百長事件

　2010年に力士・親方等が、暴力団が胴元となっている違法な野球賭博を行っていたことが発覚した。

　この事件では、携帯電話へのデジタル・フォレンジックが犯人逮捕の決め手となっている。事件に関わった力士達は、携帯電話の電子メールで勝敗予測や掛け金を胴元側に送っていたのであるが、警視庁組織犯罪対策部の組織犯罪対策第三課は2010年7月に賭場開帳図利の容疑で各種相撲部屋など数十カ所を一斉に家宅捜索し、携帯電話を押収した。当然、そのやりとりの電子メールには削除されていたものもあり、また携帯電話自体を潰したり踏みつけたりして破壊したものもいた。これらの削除データを復元・解析した結果、賭博に関わっていた証拠が確保され、元十両や元幕下力士等4名が逮捕された。

　また、こちらは刑事事件ではないが、この捜査過程で復元した電子メールから大相撲において力士同士が八百長の取組みを行っていることが発覚し、相撲協会は2011年の春場所を休止せざるを得なくなった。

6.2.5　大阪地検特捜部検事証拠隠滅事件

　デジタル・フォレンジックという言葉がたとえ用いられていなくとも、一般の人々が、デジタルデータの改さんが可能であるということ、またそのことが証拠として重大な影響を与えるということを認識したのは、大阪地検特捜部検事によるフロッピーディスクの改ざん事件であろう。

　障害者郵便割引制度の悪用事件に当時の厚生労働省の課長が関与したと疑われた事件において、フロッピーディスクのタイムスタンプが改ざんされた可能性が朝日新聞によってスクープされ、その日の夕方には主任検事が逮捕された。

　判決文（大阪地判平成 23 年 4 月 12 日判例タイムズ 1398 号 374 頁）には、「高機能ファイル管理ソフトウェアを用いてプロパティ情報を書き換え、さらに、文書ファイルの順序を並び替えてもいる。その改変の態様は、特別の解析プログラムを用いることなしには改変の有無を判別することができないほど巧妙なもの」とある。

　検察の取調べ状況に合うようにタイムスタンプを書き換え、ファイルの並び順も変更した痕跡があった。担当検事にそのフロッピーディスクが渡る前の捜査報告書に記載されたプロパティ情報と、戻ってきた後のプロパティ情報が一致しないことから判明した。

6.2.6　オリンパス社粉飾決算事件

　デジタル・フォレンジックが経理や会計での不正を立証することにも非常に有益であることを示した経済史上の大きな事件としてはオリンパス社の粉飾決算事件がある。

　2011 年に、資金の不透明さを指摘した当時の英国人社長の解任をきっかけに、会社ぐるみでの証券投資の失敗による損失隠しが発覚し、旧経営陣が東京地検特捜部に逮捕された事件である。

　監査役等責任調査委員会や第三者委員会が調査を行ったが、そこで経営陣のパソコン内の削除された電子メールや帳簿データ等に対して徹底的なフォレンジック調査が行われた。その結果、1000 億円以上の含み損を欧州やシンガポール等の海外口座や投資ファンド等を使って簿外に分散していたことがわかった。しかしながら、この頃はデジタル・フォレンジックが行われたということ自体はそれほど特記されることではなく、同委員会の報告書の本文は組織や人の流れに関するものがほとんどで、デジタル・フォレンジックに関する直接的な記述はあまり見られない。しかしながら、同報告書はその「別紙」において『コ

ンピュータ・フォレンジック調査』と題した非常に詳細な報告を行っていることが特徴である。

　この事件以降、監査分野でのデジタル・フォレンジックの重要性も急速に認知され、2018 年末から執筆現在まで世間を騒がせている日産自動車における特別背任事件に至るまで、取締役などの経営幹部による背任事件や不正経理事件においてその都度、デジタル・フォレンジック調査が行われることになる。

6.2.7　パソコン遠隔操作事件(なりすましメール事件)

　本件は、その初動捜査において IP アドレス表示だけに頼りすぎたがために、当初は犯人ではない者を逮捕してしまい、真犯人に辿り着くまでに時間を要してしまった事件であり、デジタル・フォレンジック捜査において教訓とすべき事件になった。

　2012 年 6 月～9 月頃にかけて複数の掲示板に爆破予告やハイジャック予告等の書込みがなされ、各都道府県警察はその書き込み元の IP アドレスから、4人の犯人と思われる人物を逮捕した。しかしながら、これらは実は一人の真犯人によって遠隔操作ウイルスによって乗っ取られたパソコンを経由して書き込まれたものであった。たまたま 4 人のうちの 1 人のパソコンにトロイの木馬に感染した痕跡が残っていたことから判明した。ウイルス自体が自己消去されるようになっており、当初はすぐにはそのパソコンが乗っ取られていることがわからなかった。

　その後、真犯人が捜査機関を挑発するように自分が犯人だと名乗る電子メールを、さまざまな匿名化や欺瞞ツールを駆使して送ってきた。しかしながら、一見すると完璧に思えたこの欺瞞のやり方に断片的なミスがあり、結局はそれらの痕跡を解析、つまりはデジタル・フォレンジックにより容疑者が絞り込まれていくことになる。さらには電子メールのなかに犯罪に用いた SD カードを各地に埋めたとする投稿があり、警察は電子メールやログの解析とあわせて監視カメラ映像の解析も行っている。つまり、本件は映像に対するデジタル・フォレンジックを積極的に行った事例でもある。

　さらに、この事件の公判中に、別の真犯人と名乗る者から電子メールが届き、逮捕された容疑者が真犯人ではないと思わせるような事態が発生したが、これは犯人が裁判所を騙すためにタイマー送信によって公判の時間にあわせて電子メールを送信したものであった。保釈中の犯人を尾行していた警察官が、その男の不可解な行動があった場所を掘り、スマートフォンを発見した。そのスマートフォンを解析してみたところ、公判中に届いた電子メールの送信履歴が発見され、尾行されていた男が真犯人であることが確定した。

6.2.8　デジタル・フォレンジック調査においてエンジニアと使用ツールの信頼性が認められた事例（宮崎地裁平成 29 年 3 月 9 日判決）

　本判決はデジタル証拠の信頼性について争われたもので、デジタル・フォレンジックに関する裁判例としては非常に重要なものといえる。

　この事件は、携帯電話を使った電車内での盗撮に関するものである。控訴審において証拠の信頼性の観点から一審判決が破棄・差戻しされた。その理由は、「携帯電話機の動画ファイルの管理、保存等についての仕様、実施されたダンプ処理の具体的手法、信頼性、あり得る誤復元の生じ方や程度、その頻度、別データの混入の可能性の有無等について具体的に立証されていない」と指摘され、「各動画が携帯電話機内に保存されたものと同一のものであるか否かについて、さらに審理が必要だ」というものであった。

　その「被告人の携帯電話（いわゆるガラケー）の mvhd ボックス内の削除データ（動画ファイル）が携帯内に保存されていたデータと同一のものかどうか」について、さらなる審理がなされた。弁護側は、以下のように主張していた。

　　①　携帯電話のダンプ処理に用いられたダンプツールは、データの復元、解析を目的に開発されたものではない。

　　②　ダンプデータと元のメモリのデータの同一性は確認していない。

　　③　DVD-R がファイナライズ処理されておらず追記可能な状態のままであるから、他のデータが追記された可能性が否定できない。

④　「EnCase」なるアプリケーションソフトについて、開発者の証言が得られていないことからその信頼性に関する立証が不十分である。「MIFES」についても同様。

⑤　mvhd ボックスに格納された 8 文字のデータを転記する際に転記ミスがある。

⑥　撮影時刻計算の基準時刻に 38 秒のズレがある。

　しかし裁判所は、データの復元と解析プロセスを詳細に検討した結果、「それでもデータは同一と判断でき、その程度のズレは機器の特性上起こり得る」と判断した。

6.2.9　ハッシュ値の信頼性を認めた事例 & WEP キーの解析が電波法違反とならならないとした事例（東京地裁平成 29 年 4 月 27 日判決）

　デジタル・フォレンジックにおいて、そのファイルの同一性あるいは非改ざん性を証明するためにハッシュをとることは、一般的に用いられる手法である。この判決は、そのハッシュ値の信頼性を正面から認めた判決として注目に値する。また、同時に本判決は、無線 LAN アクセスポイントの WEP キーを解析してのただ乗り行為に関して電波法違反にならない判断を示した事件としても知られている。

　被告人は、複数のインターネットバンキングに対して、フィッシングや遠隔操作ウイルス等を用いて、不正アクセス・ハッキング・電子計算機使用詐欺等を働き、多額の不正な利益を得た。被告人使用のパソコンから見つかったファイルのハッシュ値と、ウイルス感染した被害者のパソコンのハッシュ値が、SHA-1、MD5 ともに一致したことを理由に、裁判所は両ファイルを同一とし、被告人が犯人であると認定している。

　しかしながら、被告人が隣家の無線 LAN アクセスポイントに対して ARP リプライ攻撃などによって WEP キーを解析し、これにただ乗りしたことに関しては、電波法 109 条 1 項の「無線通信の秘密」を侵害したことにはならない

とし、この点については無罪とした[1]。

6.2.10 デジタル・フォレンジックが不備とはいえ独禁法違反が成立するとした事例(東京高裁平成 30 年 8 月 31 日判決)

すべての事件の真相解明においてデジタル・フォレンジックが有効に機能するわけではない。デジタル・フォレンジックによってもデータ消去の痕跡を見つけ出すことができなかった事例も紹介しておく。とは言っても、そのことによって公正取引委員会の「不当な取引」という主張までもは否定されなかったという事例である。

土木工事の不正受注を行い独占禁止法違反に問われた企業側が「施工計画書については口頭で情報のやりとりができないから、書面や電子データ等の物証が多く残るはずである」「電子データが存在していたのであれば、削除されても被告による復元がなされているはずである」と、デジタル・フォレンジックによっても痕跡が発見できないことを理由に公正取引委員会の審決の取消しを主張したが、東京高裁は、「受注調整が行われていたとすれば、その性質上、書面や電子データ等の物証は処分されるのが通常」であり、「物証を残さないようにしていたと推認することは何ら不合理ではない」として、公正取引委員会の、「そもそも不正の痕跡自体を隠蔽することを目的として削除されたデータの復元はできない」という主張を支持した。

---

1) 東京地判平成 29 年 4 月 27 日判例時報 2388 号 114 頁

索 引

著者一覧

【編著者】

安冨　潔(やすとみ　きよし)　（担当箇所：4.1 節、4.2 節）
　デジタル・フォレンジック研究会理事(前会長・顧問)、慶應義塾大学名誉教授、弁護士(渥美坂井法律事務所・外国法共同事業(顧問))。

上原　哲太郎(うえはら　てつたろう)　（担当箇所：1.3 節〜1.5 節）
　デジタル・フォレンジック研究会会長、立命館大学情報理工学部教授。

【執筆者】

辻井　重男(つじい　しげお)　（担当箇所：刊行にあたって）
　デジタル・フォレンジック研究会顧問・理事、東京工業大学名誉教授、中央大学研究開発機構フェロー・機構教授、一般社団法人セキュア IoT プラットフォーム協議会理事長。

【著　者】

江原　悠介(えはら　ゆうすけ)　（担当箇所：5.1 節）
　デジタル・フォレンジック研究会理事、同「医療」分科会主査。PwC あらた有限責任監査法人システムプロセスアシュアランス部シニアマネージャー。

岡田　大輔(おかだ　だいすけ)　（担当箇所：3.4 節）
　デロイトトーマツファイナンシャルアドバイザリー合同会社。マネージングディレクター。公認不正検査士。

金子　寛昭(かねこ　ひろあき)　（担当箇所：2.5 節）
　デジタル・フォレンジック研究会証拠保全ガイドライン改訂 WG 委員。㈱フォーカスシステムズサイバーフォレンジックセンター主任。

小向　太郎(こむかい　たろう)　（担当箇所：3.2 節）
　デジタル・フォレンジック研究会理事、中央大学国際情報学部教授。

小山　覚(こやま　さとる)　（担当箇所：3.3 節）
　デジタル・フォレンジック研究会理事、同「DF 普及状況調査」分科会主査。NTT コミュニケーションズ㈱　情報セキュリティ部部長。

櫻庭　信之(さくらば　のぶゆき)　（担当箇所：4.3 節）
　デジタル・フォレンジック研究会理事、同「法曹実務者」分科会主査。弁護士(シティユーワ法律事務所パートナー)。

佐々木　良一(ささき　りょういち)　(担当箇所：1.1 節、1.2 節、5.3 節)
　デジタル・フォレンジック研究会理事(顧問)、同「DF 人材育成」分科会主査。東京電機大学研究推進社会連携センター総合研究所特命教授　兼サイバーセキュリティ研究所所長。

須川　賢洋(すがわ　まさひろ)　(担当箇所：6.2 節、コラム①、コラム②)
　デジタル・フォレンジック研究会理事、新潟大学大学院現代社会文化研究科・法学部助教。

大徳　達也(だいとく　たつや)　(担当箇所：2.6 節)
　デジタル・フォレンジック研究会証拠保全ガイドライン改訂 WG 委員。㈱サイバーディフェンス研究所情報分析部部長／上級分析官。

名和　利男(なわ　としお)　(担当箇所：2.7 節、2.8 節)
　デジタル・フォレンジック研究会理事、同「技術」分科会主査。㈱サイバーディフェンス研究所専務理事／上級分析官。

野﨑　周作(のざき　しゅうさく)　(担当箇所：2.1 節～2.4 節)
　デジタル・フォレンジック研究会「日本語処理解析性能評価」WG 座長。㈱FRONTEO 執行役員技師長。

橋本　豪(はしもと　ごう)　(担当箇所：4.6 節)
　外国法事務弁護士(アメリカ合衆国ニューヨーク州)(渥美坂井法律事務所・外国法共同事業)。

舟橋　信(ふなはし　まこと)　(担当箇所：1.6 節、5.2 節)
　デジタル・フォレンジック研究会理事。デジタル・フォレンジック資格認定 WG 座長。㈱FRONTEO　取締役、㈱セキュリティ工学研究所取締役。

北條　孝佳(ほうじょう　たかよし)　(担当箇所：3.5 節)
　デジタル・フォレンジック研究会「法曹実務者」分科会幹事。弁護士(西村あさひ法律事務所カウンセル)。

町村　泰貴(まちむら　やすたか)　(担当箇所：4.4 節)
　デジタル・フォレンジック研究会理事。成城大学法学部教授・北海道大学名誉教授。

丸山　満彦(まるやま　みつひこ)　(担当箇所：3.1 節)
　デジタル・フォレンジック研究会監事。デロイトトーマツリスクサービス㈱　代表取締役社長。

湯淺　墾道(ゆあさ　はるみち)　(担当箇所：4.5 節)
　デジタル・フォレンジック研究会副会長、明治大学公共政策大学院ガバナンス研究科教授。

■特定非営利活動法人デジタル・フォレンジック研究会(IDF)

平成16(2004)年8月23日設立、平成16(2004)年12月15日特定非営利活動法人認証(東京都認証番号：16生都管法第2012号)。

〔**目的**〕 「広く一般市民を対象として、情報セキュリティの新しい分野である『デジタル・フォレンジック』の啓発・普及、調査・研究事業、講習会・講演会、出版、技術認定等の事業を通じて、健全な情報通信技術(IT)社会の実現に寄与・貢献することを目的」とする(定款第3条)。

〔**出版・公開資料**〕 『デジタル・フォレンジック事典』(日科技連出版社、2006年)、『改訂版 デジタル・フォレンジック事典』(日科技連出版社、2014年)、「証拠保全ガイドライン」〔第7版〕等。

〔**歴代会長**〕 辻井重男(平成4年～平成22年)、佐々木良一(平成23年～平成28年)、安冨 潔(平成29年～令和2年)、上原哲太郎(令和3年～現在)。IDFの詳細については、https://digitalforensic.jp/参照。

基礎から学ぶデジタル・フォレンジック
入門から実務での対応まで

2019年5月24日　第1刷発行
2022年11月15日　第6刷発行

編著者　安冨　潔　上原哲太郎
著　者　特定非営利活動法人
　　　　デジタル・フォレンジック研究会

発行人　戸羽　節文

発行所　株式会社 日科技連出版社
〒151-0051　東京都渋谷区千駄ケ谷5-15-5
　　　　　　DSビル
　　　　　　電話　出版　03-5379-1244
　　　　　　　　　営業　03-5379-1238

検　印
省　略

Printed in Japan

印刷・製本　壮光舎印刷

© Kiyoshi Yasutomi, Tetsutaro Uehara et al. 2019
ISBN 978-4-8171-9668-2
URL http://www.juse-p.co.jp/

日科技連の書籍案内

◆改訂版　デジタル・フォレンジック事典

佐々木良一　監修、舟橋信・安冨潔　編集責任、
特定非営利活動法人デジタル・フォレンジック
研究会　著／B5判、528頁、上製、箱入り

【本書の特徴】

- サイバー攻撃に関するインシデント調査など
ネットワーク・フォレンジック技術を解説
- スマートフォンのフォレンジックについて解説
- サイバー犯罪条約にかかわり整備された国内法
との関係を解説
- e ディスカバリプロセスにおいて大きく進展し
た技術を解説
- デジタル・フォレンジックの今後と課題を展望

【主要目次】

第Ⅰ部　基礎編（第1章〜第4章）

第1章　デジタル・フォレンジックの基礎
　1.1　デジタル・フォレンジックとは
　1.2　デジタル・フォレンジックの概要
　1.3　デジタルデータの証拠保全および解析の概要

第2章　デジタル・フォレンジックの歴史
　2.1　コンピュータの歴史
　2.2　欧米におけるデジタル・フォレンジックの歴史
　2.3　日本におけるデジタル・フォレンジックの歴史

第3章　デジタル・フォレンジックの体系
　3.1　体系化の試み
　3.2　デジタル・フォレンジックの分類軸と全体像
　3.3　企業において訴訟を行うためのデジタル・フォレンジック
　3.4　企業において訴訟に備えるためのデジタル・フォレンジック
　3.5　法執行機関におけるデジタル・フォレンジック
　3.6　本章のまとめ

第4章　デジタル・フォレンジックと法
　4.1　デジタル・フォレンジックと刑事訴訟法
　4.2　デジタル・フォレンジックと民事訴訟法
　4.3　デジタル・フォレンジックと通信の秘密

★日科技連出版社の図書案内は、ホームページでご覧いただけます。　●日科技連出版社
　URL　http://www.juse-p.co.jp/

★日科技連出版社の図書案内は、ホームページでご覧いただけます。●日科技連出版社
　URL　http://www.juse-p.co.jp/